50 CHOSES À SAVOIR SUR L'ESPACE

Raman Prinja

1·2·3 Soleil!

Publié pour la première fois en 2016
par QED Publishing,
une société du groupe Quarto,
sous le titre "50 things you should know
about Space"

Adaptation : Cynthia Honoré
Coordination éditoriale : Idées Book

Code éditeur : 978-2-35990
Dépôt légal : janvier 2017

Imprimé en Chine

Les mots en gras sont expliqués dans le glossaire page 78.

SOMMAIRE

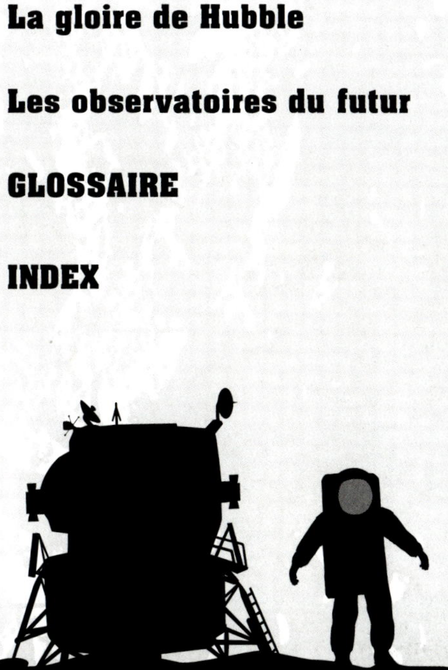

INTRODUCTION

Depuis l'invention du télescope, il y a plus de 400 ans, notre connaissance de l'Univers a beaucoup évolué. Les astronomes sont capables d'observer des étoiles et des galaxies de plus en plus lointaines. Après Spoutnik, le premier engin placé en orbite autour de la Terre en 1957, les hommes ont marché sur la Lune en 1969 et prévoient des vols habités vers Mars aux alentours de 2025.

▲ *Cette image représente une collision entre deux galaxies qui mesurent 180.000 années-lumière. Ce type d'image permet aux astronomes de mieux comprendre l'immensité de l'espace.*

DE TRÈS GRANDES DISTANCES

Pour se rendre compte de la taille de l'Univers, il faut imaginer que le Soleil fait la taille d'un ballon de basket. La Terre aurait la taille d'un petit pois situé 32 mètres plus loin et l'étoile la plus proche se trouverait à 9.000 kilomètres. Il faudrait 200 milliards de ballons de basket pour représenter notre galaxie, la **Voie Lactée**, et il y aurait 100 milliards de galaxies !

ÉTUDIER L'ESPACE

Notre compréhension de l'Univers repose sur la collecte, l'enregistrement et l'analyse de la lumière qui nous parvient en très petite quantité du fin fond de notre **galaxie**… et de bien au-delà ! Pour capter cette lumière, les astronomes utilisent des **télescopes** ultra-puissants.

◀ ***Au 16ème siècle, le scientifique italien Galilée (debout au centre) a été l'un des premiers hommes à étudier l'espace avec un télescope.***

▶ **Hubble**, *le successeur moderne du télescope de Galilée, un télescope spatial placé en orbite autour de la Terre en 1990 pour prendre des images de l'espace.*

Dans l'Univers, il y a plus d'étoiles que de grains de sable sur toutes les plages de la Terre.

EXPLORER L'ESPACE

Pour étudier l'Univers, les scientifiques ont lancé de nombreux engins spatiaux dans le **Système solaire** pour explorer les astres. En 1961, la mission spatiale Apollo de la **NASA** a été lancée à la conquête de la Lune. En 1969, deux hommes ont marché sur la Lune et entre 1969 et 1972, douze **astronautes** y sont allés lors de six missions distinctes. Depuis, des hommes vont régulièrement dans l'espace. Ils vivent plusieurs mois dans des stations spatiales qui gravitent autour de la Terre. La Lune est, à ce jour, la seule planète à avoir eu la visite de l'homme.

▼ *L'astronaute Buzz Aldrin pose le pied sur la Lune en 1969.*

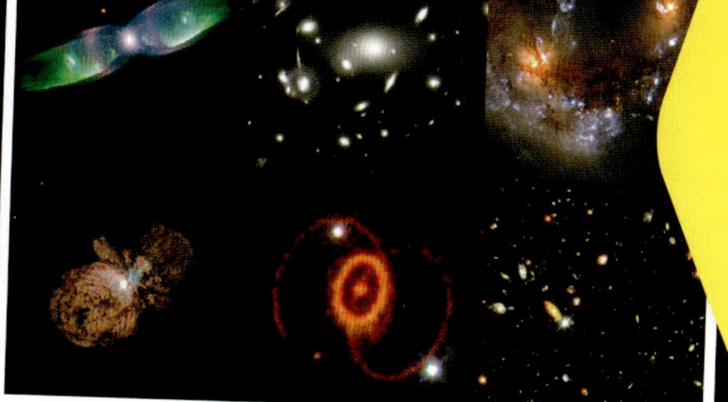

▲ *Des images spectaculaires de galaxies, de nébuleuses et d'étoiles capturées par* Hubble *depuis quelques décennies.*

DE NOUVELLES DÉCOUVERTES

Du **trou noir** absorbant les étoiles aux collisions entre galaxies, les astronomes assistent à des phénomènes extraordinaires. De nouvelles découvertes spatiales sont régulièrement réalisées, comme les milliers de planètes qui gravitent autour d'étoiles lointaines, ou la mystérieuse force de l'**énergie noire** qui semble écarter les planètes les unes des autres.

1 L'Univers est en expansion

L'Univers englobe tout l'espace et ce qu'il contient, les galaxies, les étoiles, les planètes, les lunes, ainsi que toutes les choses vivantes que l'on peut voir et mesurer. Il est incroyablement vaste et il continue de grandir. Les scientifiques pensent que l'Univers est sans cesse en expansion.

Cette image, capturée par un télescope très puissant, montre des galaxies très lointaines qui datent du début de la formation de l'Univers.

DES MILLIARDS DE GALAXIES

On estime le nombre de galaxies dans l'Univers à plus de 100 milliards (le chiffre 1 suivi de 11 zéros). Et il y a environ 100 milliards d'étoiles dans chaque galaxie. Le nombre d'étoiles dans l'Univers s'écrit avec le chiffre 1 suivi de 22 zéros. Le plus incroyable, c'est que les galaxies et les étoiles ne représentent qu'une infime partie de l'Univers, qui est essentiellement composé de vide.

Quand l'Univers avait 3 ans, il faisait 2 fois la taille de notre galaxie.

De très grandes distances
On mesure l'Espace dans une unité appelée année-lumière (voir p. 8).

Le Big Bang
Selon les scientifiques, l'Univers s'est développé à partir d'un point unique (voir p. 9).

ÉVOLUTION DES CONNAISSANCES

L'astronome grec Ptolémée (90-170) formulait l'hypothèse selon laquelle la Terre était au centre de l'Univers et que toutes les planètes, ainsi que le Soleil, gravitaient autour d'elle. Cette idée « géocentrique » de l'Univers a perduré jusqu'au 16ème siècle. L'astronome polonais Nicolas Copernic (1473-1543) a proposé un nouveau modèle. Il a placé le Soleil au centre de l'Univers, les autres planètes tournant autour, selon un modèle appelé "Univers héliocentrique".

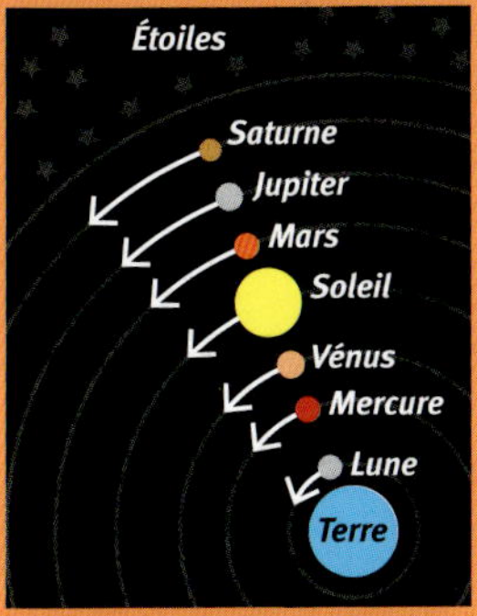

Univers géocentrique

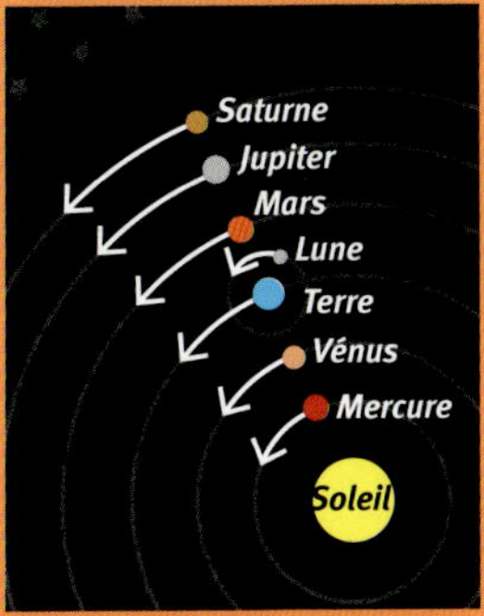

Univers héliocentrique

COMPRENDRE LE COSMOS

Notre compréhension du cosmos et de son fonctionnement s'est considérablement améliorée au cours des siècles. Les astronomes ont affiné la mesure des **objets célestes**, ils ont fabriqué des télescopes de plus en plus puissants, et ils en ont placé en **orbite** autour de la Terre. Le développement des connaissances en mathématiques et en physique a également contribué à faire progresser l'astronomie.

◄ *Cet observatoire est situé à Hawaï, au sommet d'une montagne, là où l'air est pur et le ciel peu pollué par la lumière terrestre.*

▲ *Une grande partie de notre compréhension de l'Univers provient des études sur la gravité du scientifique Isaac Newton (1643-1727).*

EXPANSION CONTINUE

Depuis sa création, il y a 13,8 milliards d'années, l'Univers ne cesse de s'agrandir. L'espace que nous pouvons observer aujourd'hui est 1 milliard de fois plus gros que lorsqu'il était jeune. De nouvelles étoiles naissent, l'espace entre les galaxies s'étire et les galaxies s'éloignent les unes des autres. On dit que l'Univers est en expansion. Ni la Terre, ni le Soleil ne se trouvent au centre, car l'Univers n'a pas de centre.

Une fraction de temps
L'histoire de l'humanité est une infime partie de l'histoire de l'Univers (voir p. 10-11).

La matière noire
C'est une matière peu connue qui compose une grande partie de l'Univers (voir p. 12).

L'énergie noire
C'est une force qui pousse les galaxies à s'éloigner les unes des autres (voir p. 13).

Explosion ou dilution ?
Différentes théories envisagent les fins possibles de l'Univers (voir p. 14-15).

2

Mesurer l'espace

L'espace est immense et les distances entre les objets célestes présents dans l'Univers sont énormes. La Lune se trouve à 384.400 kilomètres de la Terre, le Soleil à 150 millions de kilomètres et Neptune la planète la plus éloignée de notre système, est à 4,5 milliards de km du Soleil.

◄ Ces images montrent la place de la Terre dans l'Univers : c'est une petite planète du Système solaire qui, lui, fait partie d'une galaxie appelée la Voie Lactée qui, elle, fait partie d'un groupe de plusieurs galaxies appelé le Groupe local.

L'Univers que nous observons au télescope a un diamètre de 92 milliards d'années-lumière.

NOTRE VOISIN LE PLUS PROCHE

Les distances deviennent encore plus grandes lorsque nous allons au-delà du Système solaire. L'étoile la plus proche du Soleil est Proxima Centauri à 41 mille milliards de kilomètres (le chiffre 41 suivi de 12 zéros). Les autres étoiles sont encore plus éloignées.

▲ Proxima Centauri, l'étoile la plus proche de notre Système solaire, est à 4,3 années-lumière de la Terre.

LES ANNÉES-LUMIÈRE

Les unités de mesure de distances que nous connaissons, comme le kilomètre, sont trop petites pour mesurer les distances dans l'espace. Les astronomes utilisent une unité appelée **année-lumière.** Une année-lumière correspond à la distance que parcourt la lumière en une année. La lumière parcourt 300.000 kilomètres par seconde. Une année-lumière, c'est donc : 300.000 x 365 x 24 x 3.600, soit 9.500 milliards de km. Certaines étoiles se trouvent à des milliers d'années-lumière et certaines galaxies à des milliards d'années-lumière de la Terre.

Le Big Bang

3

Selon les scientifiques, l'Univers est né d'une gigantesque explosion que l'on a appelée le Big Bang (cela veut dire Grand Boum en français, mais c'est l'expression anglaise qui est généralement utilisée). Le Big Bang est une théorie scientifique qui explique l'expansion de l'Univers, la création de la matière et de l'espace.

LE PREMIER INSTANT

On sait que l'Univers est en expansion constante. Donc, à un moment, tous les **éléments** étaient rapprochés. Tout est parti d'un point extraordinairement chaud et dense, chargé d'une énorme quantité d'énergie. Une fraction de seconde après le Big Bang, la température de l'Univers a atteint une chaleur très élevée et l'Univers s'est développé à une vitesse vertigineuse.

▼ *L'expansion de l'Univers suite au Big Bang.*

LES PARTICULES

En quelques secondes, l'Univers s'est dilaté. Des électrons, des protons et des neutrons se sont formés. Plus tard, l'Univers s'est refroidi et ces particules ont formé des **atomes**.

100 secondes après le Big Bang, la température a atteint 1 milliard de degrés Celsius.

4 L'histoire de l'Univers

Il y 13,8 milliards d'années quand il était infiniment petit, chaud et dense, l'Univers a traversé plusieurs phases pour devenir la structure gigantesque que l'on connait aujourd'hui, composée de milliards de galaxies.

L'INFLATION COSMIQUE

Les scientifiques pensent qu'une fraction de seconde après le Big Bang, la matière s'est dilatée à une vitesse plus rapide que celle de la lumière. Ce moment très court de l'histoire de la formation de l'Univers est connu sous le nom d'inflation cosmique. À cet instant, l'Univers aurait doublé 90 fois sa taille.

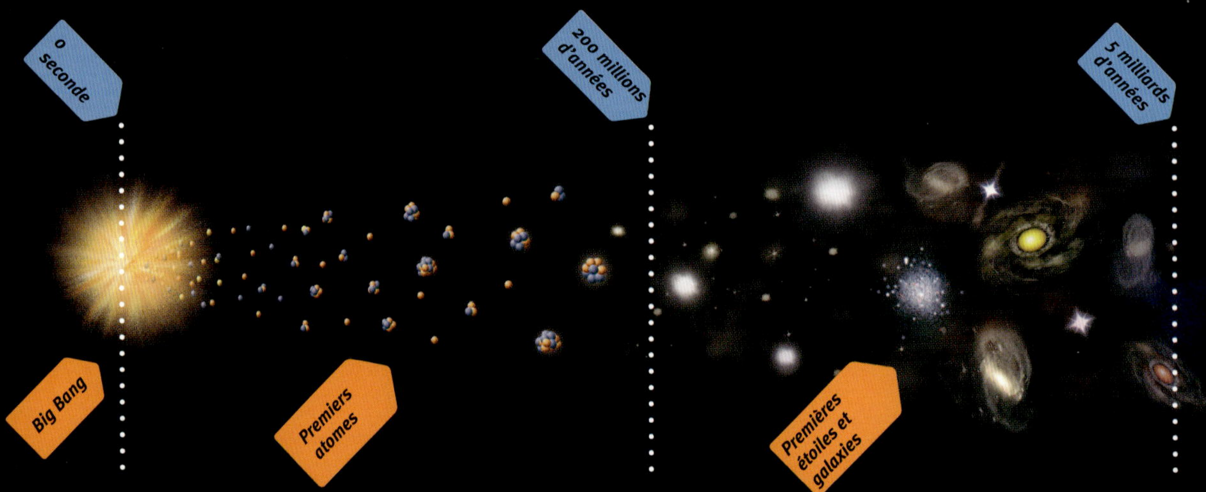

LES PREMIERS ATOMES

3 minutes après le Big Bang, les protons et les neutrons (voir p. 9) se sont combinés pour former des **noyaux atomiques** simples, tels que l'hydrogène et l'hélium. Les premiers atomes se sont formés 380.000 années plus tard.

LA PREMIÈRE LUEUR

Une fois les atomes formés, la lumière a pu voyager plus loin. Cette lumière, qui a été étirée par l'expansion de l'Univers, est appelée « rayonnement fossile du cosmos » ou « fond diffus cosmologique ». Cette lumière, qui s'observe au radiotélescope, permet aux astronomes de comprendre la formation de l'Univers et son évolution.

On ne sait pas exactement ce qui s'est passé dans les secondes qui ont suivi le Big Bang.

LES ÉTOILES ET LES GALAXIES

Les premières étoiles et galaxies se sont formées 200 millions d'années après le Big Bang. Et c'est 9 milliards d'années plus tard que sont apparus la Terre et le Système solaire. Pendant des milliards d'années, la matière s'est contractée sous l'action de la **gravité**, et a donné naissance à des étoiles, puis à des galaxies qui ont évolué vers des amas galactiques tels que la Voie Lactée. Certaines zones de l'Univers, dépourvues de matière et de galaxies, sont appelées « vides ».

UNE ANNÉE COSMIQUE

Pour comprendre ce qui s'est passé depuis le Big Bang, imaginons que 13,8 milliards d'années soient condensées en une seule année. Dans cette année imaginaire, le 1er janvier est la date du Big Bang. Les premières étoiles apparaissent le 20 janvier et la Voie Lactée se forme le 1er mai. Le Soleil et la Terre se forment à la mi-septembre, et les premières planètes apparaissent le 19 décembre.

Les dinosaures arrivent le 25 décembre, pour disparaître le 29 décembre, suite à la collision d'une **comète** avec la Terre. Dans ce calendrier, l'histoire de l'humanité tient dans les 20 dernières secondes de l'année.

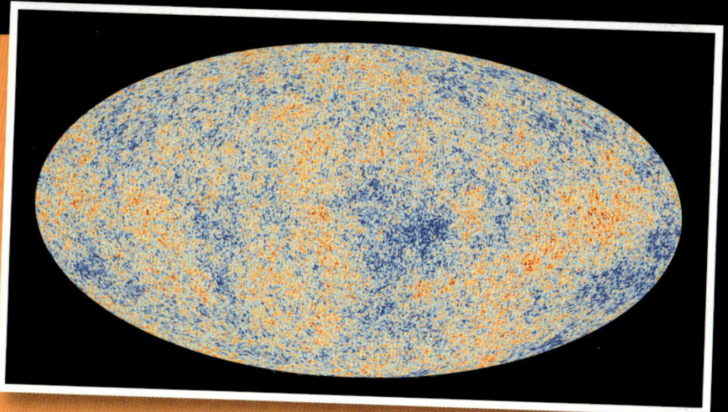

▲ *Ceci est une image du rayonnement fossile du cosmos, les plus anciennes lueurs de l'Univers. En orange, on voit les super amas galactiques, des endroits plus chauds apparus plus tard.*

5 L’importance de la matière noire

Lors des premières études pour comprendre le mouvement des galaxies, les scientifiques se sont rendus compte que la matière classique (protons, neutrons, électrons) ne suffisait pas à assurer la gravitation des planètes. Ils en ont conclu qu’il devait exister un autre type de matière invisible, appelée matière noire, qui permet de faire tenir planètes et galaxies ensemble.

SECRET DE L’UNIVERS

La **matière noire** est appelée ainsi car elle ne produit pas de lumière. Elle exerce une force gravitationnelle qui permet aux galaxies de s’attirer et aux planètes de décrire des orbites. L'Univers serait composé pour 24 % de matière noire, constituée d’étoiles mortes, de trous noirs, de gaz très froids, ainsi que de particules plus petites que les atomes.

À TRAVERS NOUS

La matière noire est composée de particules minuscules qui voyagent à travers l’espace. Des milliards de ces particules traversent constamment notre corps, sans que l’on s’en rende compte.

LA REPÉRER

Sur cette image de deux amas galactiques en collision, les endroits roses montrent des gaz chauds, et les endroits bleus représentent la matière noire. La matière noire n'est pas attirée par la matière classique. Elle avance donc plus vite que le gaz qui lui, est retardé par la collision.

Selon les scientifiques, notre galaxie, la Voie Lactée, serait remplie de matière noire.

L'énergie noire

L'Univers est rempli de mystère. Il est constitué de 5 % de matière classique et de 24 % de matière noire. Mais de quoi sont constitués les 71% restants ? Les scientifiques ont appelé cette composante de l'Univers « énergie noire ». Cette énergie expliquerait l'accélération de l'expansion de l'Univers.

UN UNIVERS EN EXPANSION

Au début du 20ème siècle, les scientifiques pensaient que l'Univers avait une taille déterminée et ne grandissait plus. Mais, dans les années 1920, les études de l'astronome américain Edwin Hubble ont prouvé que l'Univers était toujours en expansion.

▶ *Edwin Hubble (1889-1953)*

RALENTISSEMENT ?

Dans les années 1990, les astronomes ont essayé de mesurer la vitesse de l'expansion de l'Univers depuis le Big Bang. Ils pensaient découvrir une dilatation très rapide au début, puis une fois les galaxies formées, observer un ralentissement de la vitesse de l'expansion.

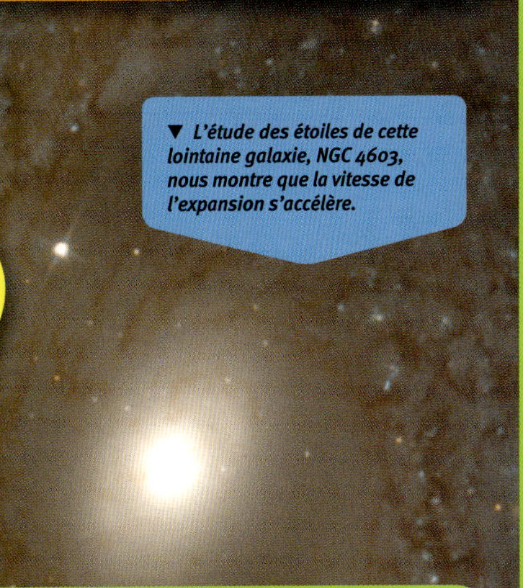

▼ *L'étude des étoiles de cette lointaine galaxie, NGC 4603, nous montre que la vitesse de l'expansion s'accélère.*

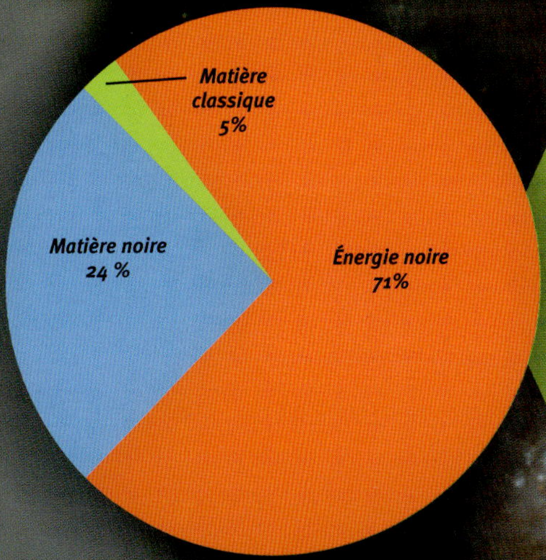

ACCÉLÉRATION !

En fait, les études réalisées sur l'explosion d'étoiles lointaines nous montrent que l'Univers s'agrandit de plus en plus vite. C'est « l'accélération de l'Univers ». La dilatation de la matière est si rapide qu'elle nécessite une force inconnue jusque-là, que l'on a appelée « l'énergie noire ». Elle compose plus des deux tiers de l'Univers et agit contre la gravité.

L'énergie noire est une force inconnue présente dans l'Univers.

Actuellement, la plupart des scientifiques pensent que l'Univers est plat.

7 Quelle fin pour l'Univers ?

La découverte du Big Bang donnant naissance à l'Univers, a amené les scientifiques à se questionner sur la fin de l'Univers. Nous savons que les galaxies s'éloignent les unes des autres de plus en plus vite, dans un Univers en expansion, mais que va-t-il se passer dans des milliards d'années ? Trois hypothèses coexistent : le Big Crunch, le Big Freeze et le Big Rip.

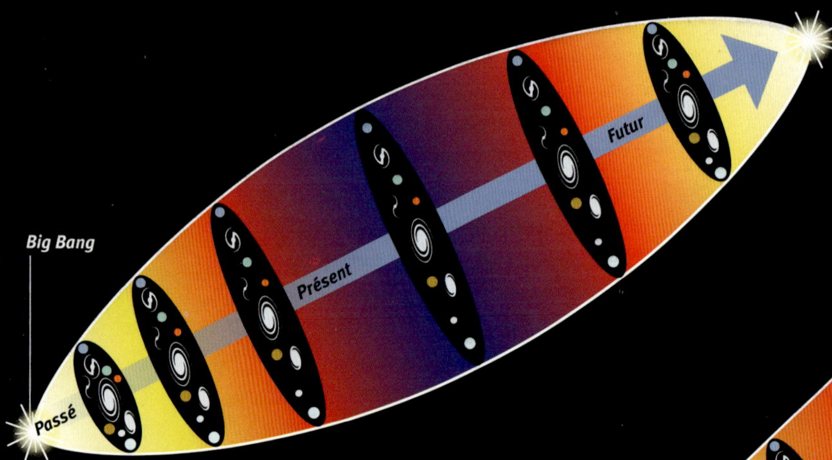

◄ *Dans le Big Crunch, l'Univers va se contracter sur lui-même.*

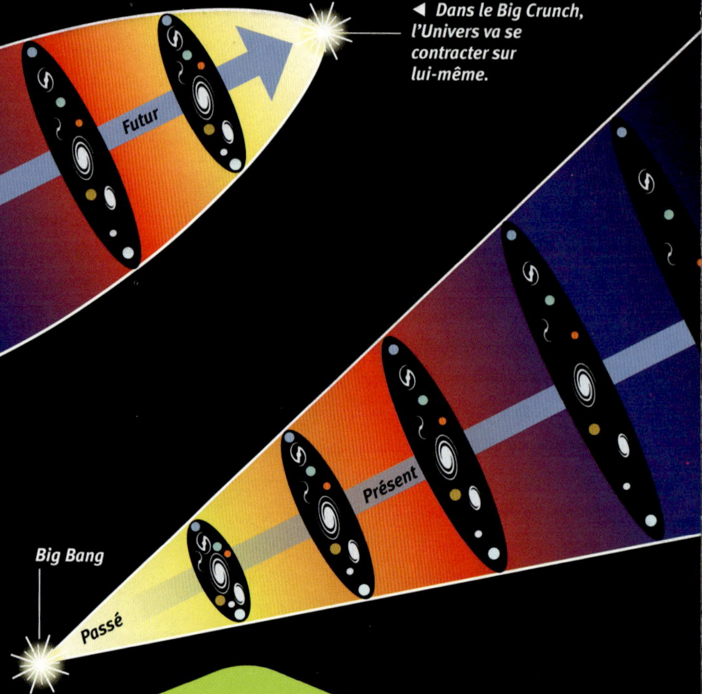

LE BIG CRUNCH

D'après la théorie du Big Crunch, l'Univers atteindra, dans plusieurs milliards d'années, sa taille maximale. Il commencera à rétrécir, en se contractant sur lui-même. Toute la matière de l'Univers finira par s'effondrer dans un gigantesque trou noir.

LE BIG FREEZE

La théorie du Big Freeze suggère que l'Univers continuera son expansion éternellement. La matière et l'énergie vont se diluer dans le cosmos, qui deviendra de plus en plus sombre et de plus en plus froid.

TESTER LES THÉORIES

Pour déterminer l'hypothèse la plus probable (s'il y en a une), les scientifiques essayent de quantifier les types de matière dans l'Univers. L'étude combinée de jeunes et d'anciennes galaxies permet de comprendre l'évolution d'une galaxie dans le temps.

► *Cette image prise par le télescope spatial* ***Hubble*** *montre des étoiles très éloignées, qui sont de très jeunes étoiles.*

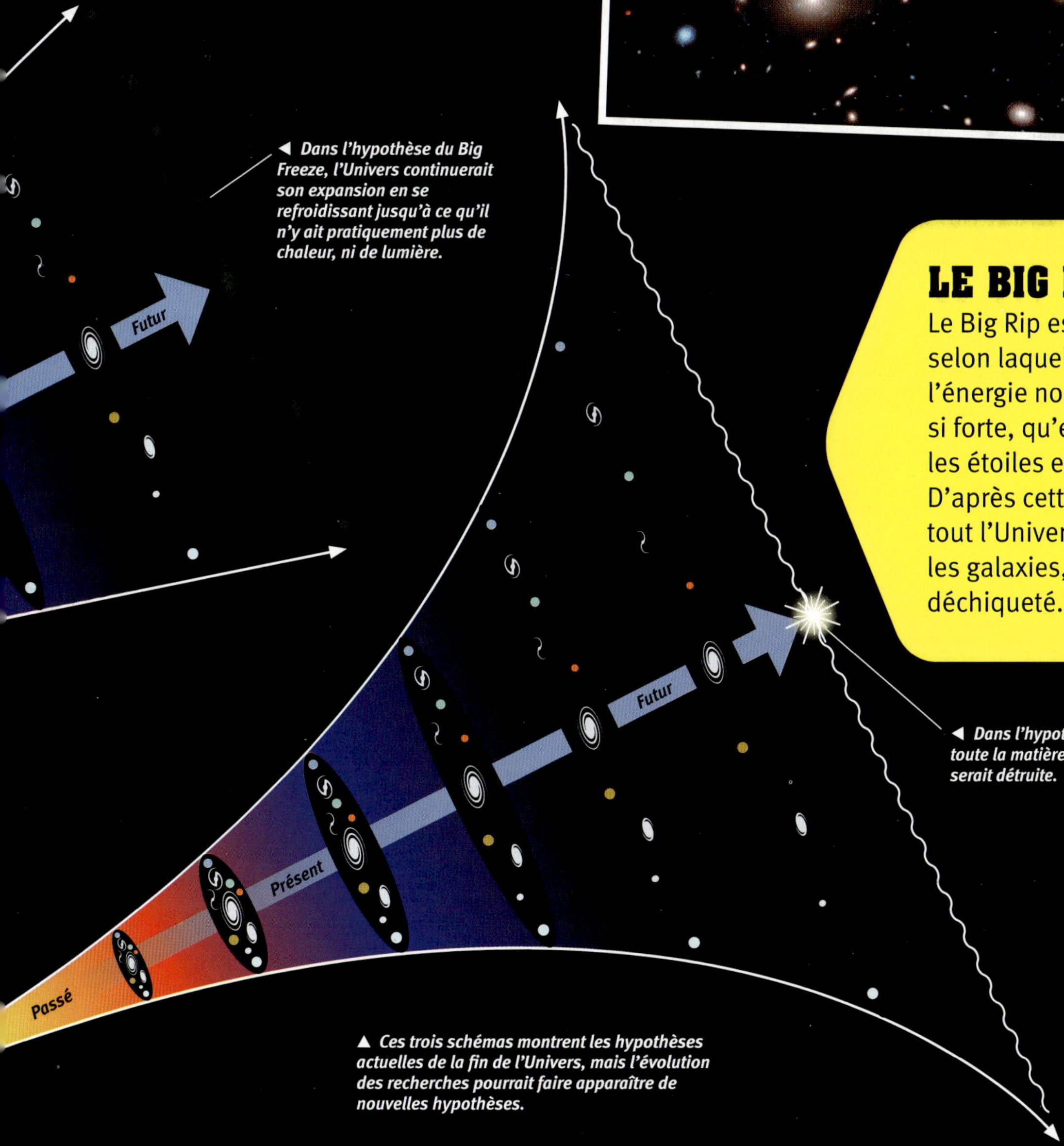

◄ *Dans l'hypothèse du Big Freeze, l'Univers continuerait son expansion en se refroidissant jusqu'à ce qu'il n'y ait pratiquement plus de chaleur, ni de lumière.*

LE BIG RIP

Le Big Rip est l'hypothèse selon laquelle la densité de l'énergie noire deviendrait si forte, qu'elle disloquerait les étoiles et les atomes. D'après cette théorie, tout l'Univers, y compris les galaxies, serait déchiqueté.

◄ *Dans l'hypothèse du Big Rip, toute la matière de l'Univers serait détruite.*

▲ *Ces trois schémas montrent les hypothèses actuelles de la fin de l'Univers, mais l'évolution des recherches pourrait faire apparaître de nouvelles hypothèses.*

Notre galaxie, la Voie Lactée, mesure environ 120.000 années-lumière.

8 Un Univers de galaxies

Une galaxie est un vaste système d'étoiles, de gaz et de poussières liés par la gravitation. Notre Soleil et ses planètes appartiennent à une galaxie en mouvement permanent, appelée la Voie Lactée. Il existe de nombreuses galaxies qui se différencient par leur forme, leur âge et leur taille. Elles comptent entre 1 million et plusieurs milliards d'étoiles chacune.

LA LISTE DE MESSIER

Au 18ème siècle, l'astronome français Charles Messier a dressé une liste impressionnante d'objets flous qu'il voyait dans son télescope. Il les a répertoriés et nommés dans le « catalogue Messier ». Aujourd'hui, de nombreuses galaxies, telles que M31, M51 et M100, ont conservé le nom que Messier leur avait donné.

◀ *Charles Messier (1730-1817), un célèbre astronome français.*

▶ *Un gros plan de M51, un des objets flous du catalogue de Messier.*

Mille milliards d'étoiles

Une galaxie peut compter des centaines de milliards d'étoiles (voir ci-dessus).

Des milliards de galaxies

L'Univers compterait plus de 100 milliards de galaxies (voir p. 17).

LES CÉPHÉIDES

Il y a un siècle, les scientifiques pensaient que la Voie Lactée était la seule galaxie de l'Univers. À la fin des années 1920, Edwin Hubble étudia des étoiles très brillantes appelées céphéides (ou étoiles variables), qui se trouvaient dans les objets flous du catalogue de Messier. Il démontra que ces objets se situaient à des millions d'années-lumière, bien au-delà de notre Système solaire. Il devait donc exister d'autres galaxies. On estime qu'il en existe au moins 100 milliards.

DES OBJETS TRÈS LOINTAINS

◄ *La lumière émise par ces galaxies, parmi les plus lointaines et les plus jeunes de l'Univers, mettra 13,2 milliards d'années-lumière à nous atteindre.*

Pour comprendre la formation des galaxies, nous devons observer les objets célestes les plus éloignés dans l'Univers, car ce sont ceux qui ont été formés en dernier. Plus un objet est éloigné, plus sa lumière met du temps à nous parvenir. Par exemple, Proxima Centauri, l'étoile la plus proche de notre Système solaire, est à 4 années-lumière, nous la voyons donc comme elle était il y a quatre ans.

L'étoile RS Puppis est une Céphéide, une étoile variable qui s'illumine, puis diminue régulièrement en intensité. On s'en sert pour mesurer des distances dans l'espace.

▲ *La petite galaxie située en bas de l'image est une jeune galaxie en formation.*

LES JEUNES GALAXIES

En observant des zones de l'Univers qui se trouvent à plus de 10 milliards d'années-lumière, nous pouvons assister à la naissance de nouvelles galaxies. Les astronomes ont découvert que les premières galaxies se sont formées 200 millions d'années après le Big Bang. Elles étaient au départ de petits objets célestes diffus, qui, après des millions d'années, sont devenues des structures gigantesques comme la Voie Lactée.

Les types de galaxies
Il existe trois types de galaxies : irrégulières, elliptiques et spirales (voir p. 18 et 19).

Notre galaxie
Nous habitons une galaxie spirale appelée la Voie Lactée (voir p. 20-21).

Le Groupe local
Notre galaxie fait partie d'un groupe de galaxies (voir p. 22-23).

Collisions
Parfois les galaxies entrent en collision (voir p. 22-23).

9 Les types de galaxies

La forme, la taille, la couleur et l'âge des galaxies varient. Une galaxie peut être gigantesque et compter des milliards d'étoiles, ou être une galaxie naine composée de seulement un million d'étoiles. Les astronomes classent les galaxies selon leur forme : elliptique, irrégulière ou spirale.

▼ Au centre de cette photographie, la galaxie elliptique M60 recouvre partiellement la galaxie spirale NGC 4647 en haut à droite.

LES GALAXIES ELLIPTIQUES

Les plus grandes galaxies sont elliptiques. Elles ont la forme d'un œuf ou d'un ballon flou. Certaines comptent plusieurs milliers de milliards d'étoiles et s'étendent sur un million d'années-lumière. Elles sont 10 fois plus grandes que notre galaxie ! Quand elles sont énormes, elles peuvent engloutir d'autres galaxies situées à proximité.

LES QUASARS

Les astronomes classent parfois les galaxies selon leur puissance. Les galaxies les plus brillantes ont dans leur centre des quasars. Ce sont d'énormes trous noirs qui génèrent de très grandes quantités de gaz et d'énergie.

20% des galaxies sont elliptiques, 5% sont irrégulières et les autres sont spirales.

▼ *NGC 1569 est une galaxie irrégulière située à 11 millions d'années-lumière de la Terre. À l'intérieur, les étoiles se forment à une très grande vitesse, 100 fois plus vite que dans notre galaxie.*

LES GALAXIES IRRÉGULIÈRES

Comme son nom l'indique, une galaxie irrégulière n'a pas de structure ou de forme précise. Ce sont les plus petites galaxies de l'Univers. Leurs étoiles, gaz et poussières se dispersent dans toutes les directions.
Les astronomes pensent que les galaxies irrégulières ont permis la formation d'autres galaxies bien plus grandes.

▲ *La galaxie M 74 contiendrait 100 milliards d'étoiles situées dans le bulbe central et dans ses deux bras. Elle est distante de 30 millions d'années-lumière de la Terre.*

LES GALAXIES SPIRALES

Avec leur forme de toupies géantes, les spirales sont les plus belles galaxies. Il faut les imaginer comme un disque rempli d'étoiles, avec un bulbe central lumineux. Des bras, composés de jeunes étoiles, partent du centre. Les galaxies spirales contiennent des étoiles jeunes et anciennes, ainsi que de grandes quantités de gaz et de poussières. Notre galaxie, la Voie Lactée, ainsi que la galaxie M74 sur l'image, sont des spirales.

10 Notre galaxie

Le Soleil tourne autour du centre galactique à 220 km par seconde.

Nous vivons dans une énorme galaxie appelée la Voie Lactée qui a la forme d'un tourbillon composé de milliards d'étoiles. Le nombre d'étoiles n'est pas figé ; en effet, certaines meurent, tandis que d'autres naissent dans les nuages de gaz.

LA TERRE DANS L'UNIVERS

La Voie Lactée ressemble à un disque peu épais, avec un bulbe central et des bras spiraux. Nous habitons un de ces bras qui contient les étoiles les plus jeunes et les plus brillantes. Le Système solaire est à environ 27.000 années-lumière du centre de la galaxie.

LE MILIEU INTERSTELLAIRE

Dans la Voie Lactée, l'espace entre les étoiles contient des grandes quantités de gaz et de poussières. On l'appelle le milieu interstellaire. C'est là que naissent les nouvelles étoiles.

◄ *Les taches jaunes représentent d'énormes nuages de gaz et de poussières. Ce sont de véritables pouponnières d'étoiles.*

LE CŒUR DU TROU NOIR

Une grande quantité de matière nous empêche de voir le centre de la galaxie. En mesurant des **rayons X** qui proviennent du centre de la galaxie et le mouvement des étoiles, les astronomes ont conclu qu'un trou noir supermassif se situait au cœur de la Voie Lactée. La masse de ce trou noir équivaut à 4 milliards de soleils.

LE HALO SOMBRE

Le disque spiral de notre galaxie est entouré d'un halo de matière sombre et invisible. Ce halo sphérique contient 200 groupes d'étoiles appelés amas globulaires. Chaque amas contient entre 100.000 et 1 million d'anciennes étoiles datant de la formation de la Voie Lactée. Plus de 50 % de la masse de la Voie Lactée se trouverait dans ce halo sphérique.

► *Un amas globulaire d'étoiles anciennes dans le halo de la Voie Lactée.*

CARTE DES ÉTOILES

Comme nous vivons à l'intérieur de la Voie Lactée, nous ne pouvons pas la photographier du dessus. Les astronomes utilisent des télescopes pour dresser la carte des étoiles et des amas gazeux tout autour de la Terre. C'est ce qui leur a permis de déterminer, avec précision, la forme de notre galaxie.

◄ *ALMA (Atacama Large Millimeter Array), est un réseau de 66 antennes radio télescopiques ultra-puissantes situées au Chili qui nous fournit des images très détaillées de la Voie Lactée.*

11 Le Groupe local

Les galaxies sont regroupées en amas par l'action de la gravité. La Voie Lactée appartient à un amas galactique appelé Groupe local. Le Groupe local contient une trentaine de galaxies dont les deux plus grandes sont la Voie Lactée et Andromède, une autre galaxie spirale.

LES COLLISIONS DE GALAXIES

Parfois, la gravité attire si fortement les galaxies qu'elles entrent en collision. Les collisions intergalactiques se déroulent sur des millions d'années, ce qui explique qu'il est impossible de les voir du début à la fin. Avec leurs télescopes, les astronomes prennent des images de galaxies, à des stades de collision différents, ce qui leur permet de reconstituer une collision. C'est lors de collisions entre galaxies que les nouvelles étoiles se forment dans les nuages gazeux.

▲ *Une grande galaxie, NGC 2207 attire une plus petite et la déforme.*

La Voie Lactée s'est agrandie en entrant en collision avec d'autres galaxies et en les absorbant.

UNE COLLISION FUSIONNELLE

La Voie Lactée et la galaxie Andromède sont en cours de collision. Les deux galaxies, distantes d'environ 2 millions d'années-lumière, se rapprochent à une vitesse de 500.000 km/heure et devraient fusionner dans 4 milliards d'années.

LES SUPERAMAS

Notre Groupe local, avec une centaine d'autres galaxies, fait partie d'une structure bien plus grande, appelée l'amas de la Vierge. Il s'étale sur 110 millions d'années-lumière et constitue l'un des millions de superamas de l'Univers.

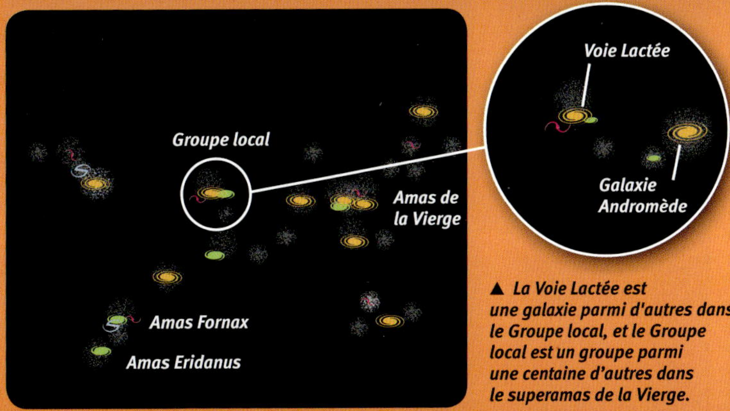

▲ *La Voie Lactée est une galaxie parmi d'autres dans le Groupe local, et le Groupe local est un groupe parmi une centaine d'autres dans le superamas de la Vierge.*

LES GALAXIES GÉANTES

Des collisions de galaxies peuvent engendrer des objets célestes très étranges, comme la galaxie NGC 6872, située à 210 millions d'années-lumière de la Terre. C'est une des plus grandes galaxies que l'on connaisse dans l'Univers. Avec ses deux bras distants de 500.000 années-lumière, elle est 5 fois plus grande que la Voie Lactée. Sa taille est le résultat d'une collision avec une autre galaxie appelée IC 4970, il y a 130 millions d'années.

▼ *La forme très allongée de NGC 6872 résulte de sa fusion avec la petite galaxie IC 4970, située au-dessus.*

COLLISIONS D'AMAS GALACTIQUES

Les plus grandes collisions connues dans l'Univers sont celles qui se produisent entre deux amas galactiques. La force de la gravitation projette les galaxies dans une tempête cosmique - avec des températures pouvant atteindre 100 millions de degrés Celsius - qui produit énormément d'énergie dans l'espace intergalactique.

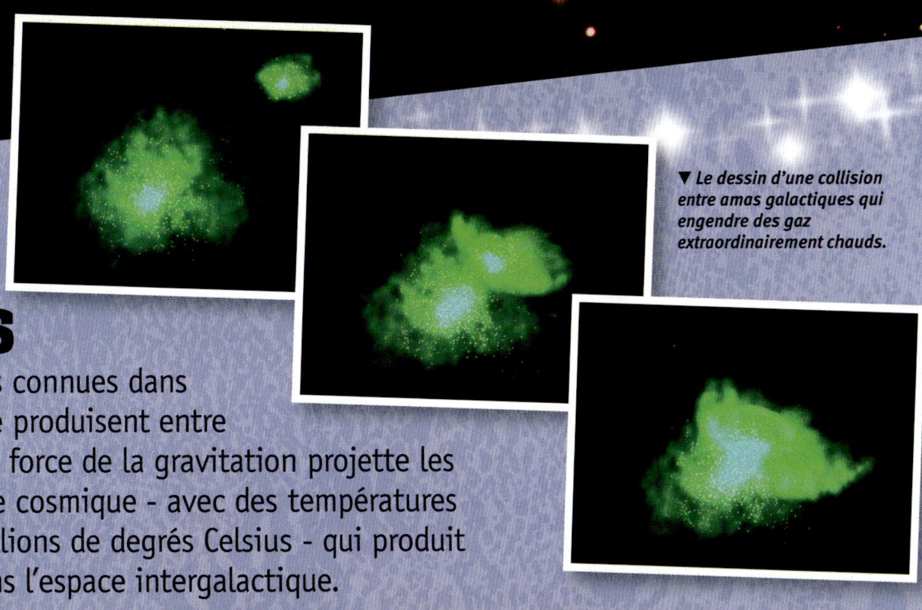

▼ *Le dessin d'une collision entre amas galactiques qui engendre des gaz extraordinairement chauds.*

12

Les étoiles ne sont pas éternelles

Une des grandes avancées de l'astronomie moderne est d'avoir découvert que les étoiles ne brillent pas éternellement. Leur durée de vie est cependant très longue et s'étale sur des millions, voire des milliards d'années.

Des radiotélescopes géants nous ont permis d'améliorer notre connaissance des étoiles.

◀ *La constellation d'Orion, le chasseur.*

CONSTELLATIONS

Dans l'Antiquité, les hommes dessinaient des cartes imaginaires pour repérer les étoiles les plus brillantes. Ces cartes, qui avaient souvent un lien avec la mythologie, ont été appelées constellations. Les marins s'en servaient pour naviguer et les astronomes les utilisent encore aujourd'hui pour trouver la position de certains objets célestes. 88 constellations sont toujours utilisées pour établir les cartes du ciel des hémisphères nord et sud (les deux moitiés de la Terre séparées par l'équateur).

Pouponnières stellaires

Les étoiles se forment dans des nuages de gaz et de poussières appelés nébuleuses (voir p. 26).

Puissance nucléaire

C'est la fusion nucléaire en leur centre qui fait briller les étoiles (voir p. 27).

Le Soleil est une petite étoile, dans laquelle on pourrait loger 1 million de Terres.

DES BOULES DE FEU GÉANTES

Les étoiles sont des boules géantes de gaz incandescent, principalement composées d'hydrogène et d'hélium. Le Soleil, l'étoile de notre Système solaire, a un diamètre de 1.390.000 kilomètres. Sa masse est si grande que pour l'écrire en kilogrammes, il faudrait ajouter 30 zéros au chiffre 2. Dans notre galaxie, d'autres étoiles sont 100 fois plus grandes que le Soleil.

► *Cette image montre la surface brûlante de notre étoile, le Soleil.*

LA VIE D'UNE ÉTOILE

Les étoiles naissent dans une **nébuleuse**, un nuage de gaz et de poussières, et évoluent tout au long de leur vie. Quand les étoiles n'ont plus d'énergie, elles cessent de briller et meurent. L'évolution d'une étoile dépend fortement de sa taille de départ. Le Soleil fait partie des petites étoiles. Il a une durée de vie d'environ 10 milliards d'années. D'autres étoiles peuvent être 20 à 100 fois plus grandes que le Soleil à leur naissance. Ces étoiles géantes ont des vies très courtes de quelques millions d'années et terminent leur vie dans de gigantesques explosions appelées **supernovae**.

► ***La nébuleuse de l'aigle, située à 7.000 années-lumière de la Terre, est une zone active de formation d'étoiles.***

Évolution d'une étoile
Les petites étoiles comme le Soleil deviennent des géantes rouges à la fin de leur vie (voir p. 30-31).

Explosion
Les étoiles supermassives finissent par exploser en supernovae (voir p. 33).

Renaissance
De nouvelles étoiles se forment à partir de la matière d'anciennes étoiles (voir p. 34).

Fin d'une étoile
La plupart des étoiles supermassives sont aspirées dans un trou noir (voir p. 37).

13 Des usines à étoiles

Les astronomes estiment que 100 milliards d'étoiles naissent chaque année dans chacune des 100 milliards de galaxies de l'Univers. Mais comment sont-elles fabriquées ?

NUAGES À ÉTOILES

Il faut une énorme quantité de gaz, principalement de l'hydrogène, pour donner naissance à une étoile. Dans les galaxies, ces gaz mélangés à des poussières se trouvent dans d'énormes nuages appelés nébuleuses.
La nébuleuse d'Orion, dans la constellation d'Orion, est un exemple de nuage à étoiles. Elle se situe à environ 1.300 années-lumière de la Terre et mesure 40 années-lumière de longueur.

NUCLÉOSYNTHÈSE STELLAIRE

Dans les nébuleuses, la force gravitationnelle fait s'effondrer la matière qui se comprime jusqu'à former une boule de gaz. Quand le gaz atteint la température de 15 millions de degrés Clesius, il se produit une **fusion nucléaire**, qui génère une énorme quantité d'énergie. Une nouvelle étoile naît et commence à briller.

▲ Cette image montre la formation de jeunes étoiles en fusion dans une galaxie distante de 13 millions d'années-lumière.

▲ Les nuages gazeux de la nébuleuse d'Orion sont éclairés par l'énorme quantité d'énergie produite par la formation de jeunes étoiles.

Certaines nébuleuses possèdent suffisamment de gaz pour fabriquer 1.000 étoiles.

Puissance nucléaire

Le Soleil et les étoiles sont des centrales nucléaires très puissantes. La fusion nucléaire s'opère lorsque deux noyaux atomiques s'assemblent pour n'en former qu'un seul, plus lourd. Cette fusion se produit dans le cœur de l'étoile, à une température de 15 millions de degrés Celsius et à une pression 250 milliards de fois plus élevée qu'à la surface de la Terre.

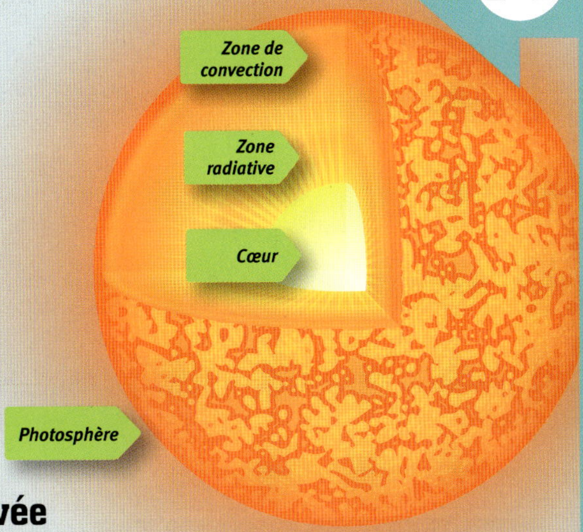

▲ Lors de la fusion, l'énergie que dégage le cœur du Soleil va traverser 3 zones avant d'atteindre la surface, la photosphère, puis d'être libérée dans l'espace.

► Pendant la fusion nucléaire, le noyau de deux types d'hydrogène - le deutérium et le tritium - fusionnent pour faire de l'hélium, générant une incroyable quantité d'énergie.

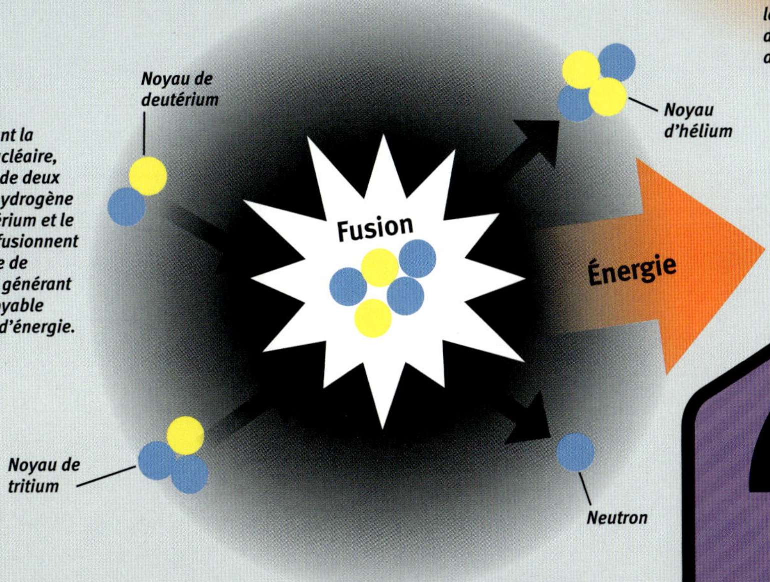

Le Soleil transforme, chaque seconde, 4 millions de tonnes de matière en énergie.

DE PLUS EN PLUS LOURD

Dans les étoiles plus massives que le Soleil, des éléments autres que l'hydrogène peuvent fusionner pour produire de l'énergie. La température au cœur de ces étoiles peut atteindre plus de 1 milliard de degrés Clesius, engendrant ainsi la fusion de l'hélium en carbone. Des étoiles encore plus massives peuvent fusionner le carbone en oxygène, et l'oxygène en silicium. Ainsi, des éléments de plus en plus lourds fusionnent jusqu'à ce que le cœur de l'étoile soit essentiellement composé de fer.

PANNE D'ÉNERGIE

Tant qu'il y a du combustible pour fusionner au cœur de l'étoile, l'énergie maintient l'étoile en vie. Quand l'étoile se trouve à court de combustible, elle évolue jusqu'à produire une explosion.

Évolution stellaire

De sa naissance à sa mort, une étoile traverse différentes phases appelées « évolution stellaire ». Au cours de son cycle de vie, des changements interviennent sur sa température, sa taille et sa puissance.

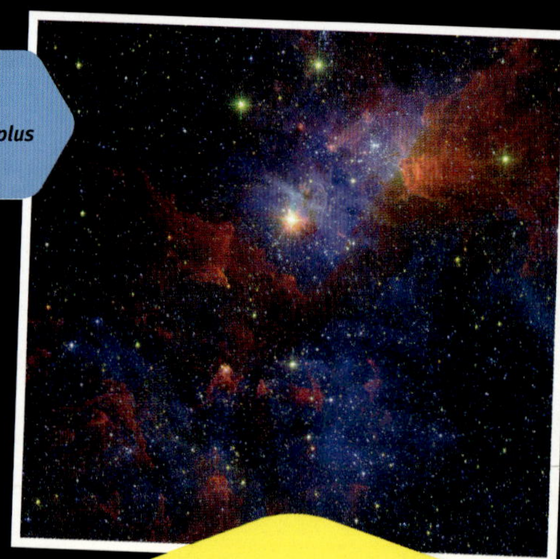

▶ Sur cette image, l'étoile centrale est 100 fois plus massive et 1 million de fois plus lumineuse que le Soleil.

◀ Dans la nébuleuse Rosette, des milliers de jeunes étoiles incandescentes débutent leur cycle stellaire.

LE COMBAT DE DEUX FORCES

Tout au long de sa vie, l'étoile est au centre d'un combat entre deux forces. La gravité pousse constamment l'intérieur de l'étoile à s'effondrer. Pour contrer cela, les gaz à l'intérieur doivent être suffisamment chauds pour exercer une pression contre la gravité. Lorsque les deux ont une force équivalente, l'étoile est stable. Mais quand l'étoile se trouve à court de combustible, les gaz n'exercent plus de pression. Son cœur s'effondre sur lui-même et l'étoile commence à mourir.

La plupart des étoiles que nous voyons à l'œil nu sont plus grandes que le Soleil.

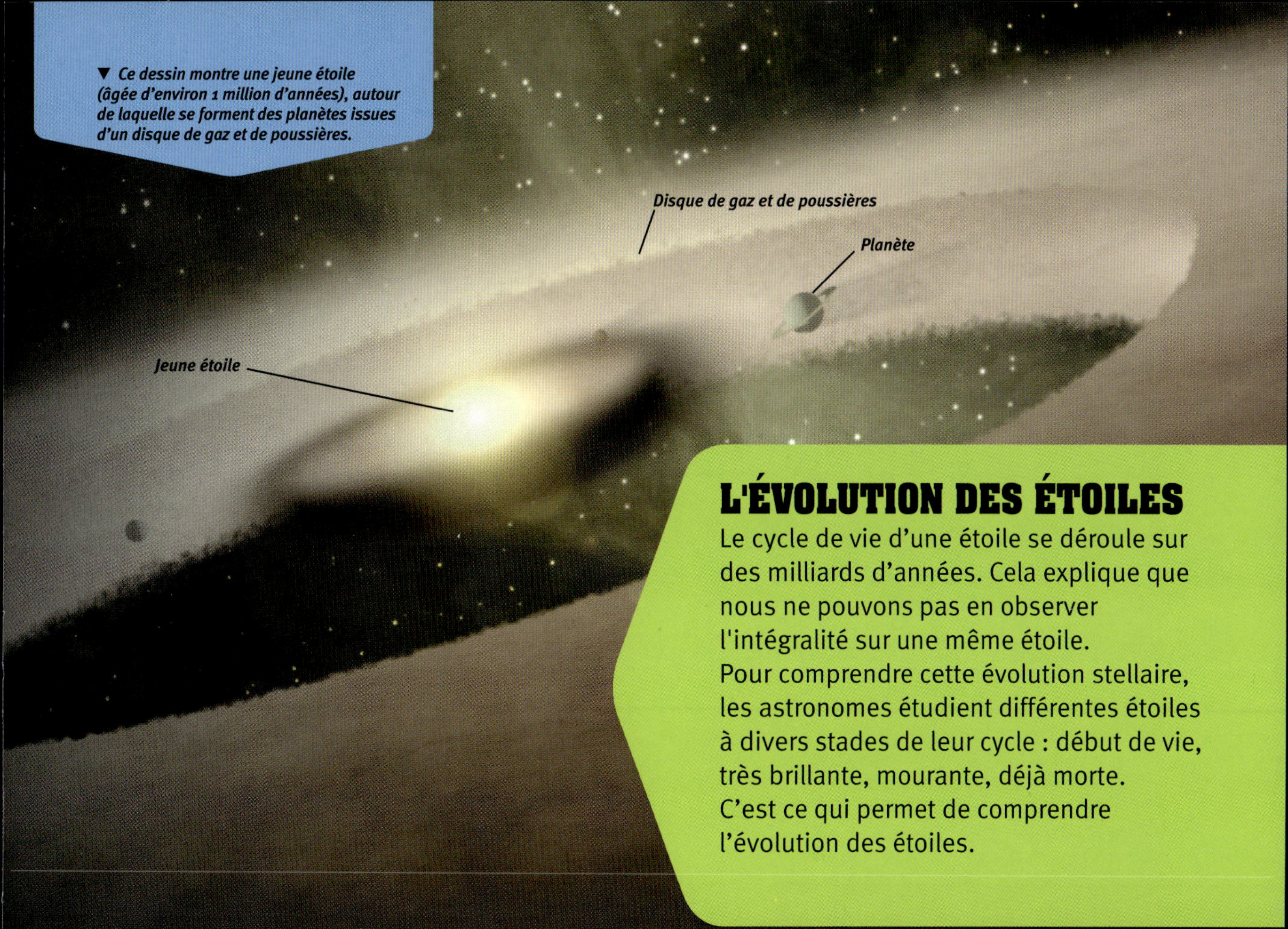

▼ Ce dessin montre une jeune étoile (âgée d'environ 1 million d'années), autour de laquelle se forment des planètes issues d'un disque de gaz et de poussières.

L'ÉVOLUTION DES ÉTOILES

Le cycle de vie d'une étoile se déroule sur des milliards d'années. Cela explique que nous ne pouvons pas en observer l'intégralité sur une même étoile.
Pour comprendre cette évolution stellaire, les astronomes étudient différentes étoiles à divers stades de leur cycle : début de vie, très brillante, mourante, déjà morte.
C'est ce qui permet de comprendre l'évolution des étoiles.

DÉTECTIVE EXTRA-TERRESTRE

Pour comprendre le procédé utilisé par les astronomes, imaginez qu'un extra-terrestre arrive dans votre ville. Il doit comprendre en 24 heures le cycle de la vie humaine. Impossible pour lui en une journée de voir l'évolution d'une personne tout au long sa vie. L'extra-terrestre pourrait donc visiter une maternité pour voir naître des bébés, regarder des enfants jouer à l'école, aller voir des adolescents dans un lycée, rencontrer des parents et des grands-parents…
La juxtaposition de ces observations vont lui permettre de comprendre le cycle de vie d'un être humain.

▼ La constellation du Sagittaire contient des millions d'étoiles d'âges différents.

16

Le cycle de vie du Soleil

Il y a 5 milliards d'années, une nébuleuse d'hydrogène et de poussières a commencé à se contracter sous l'effet de la gravité. Sa matière s'est comprimée en une masse géante. La température de son centre a grimpé jusqu'à atteindre 15 millions °C. La fusion nucléaire a démarré, donnant naissance à cette nouvelle étoile.

▼ *Cette image prise par la sonde spatiale* Solar Dynamics Observatory *montre des zones plus chaudes (en blanc) et des zones plus fraîches (en foncé) sur la surface du Soleil.*

SA DURÉE DE VIE

Le Soleil contient suffisamment d'hydrogène pour que les réactions nucléaires se poursuivent encore 5 milliards d'années. Lorsque tout l'hydrogène sera épuisé, il n'y aura plus assez d'énergie pour lutter contre la gravité. Le Soleil commencera alors sa dilatation en géante rouge, et sa taille deviendra 30 fois supérieure à celle d'aujourd'hui. Mercure et Vénus seront avalées par les couches extérieures de la géante rouge. Le Soleil atteindra pratiquement la Terre, sa chaleur fera s'évaporer notre **atmosphère** et l'eau de nos océans, et fondre la surface rocheuse. La vie sur Terre n'existera plus.

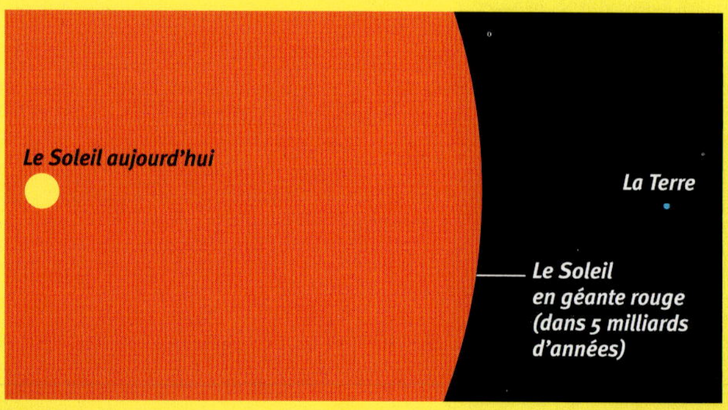

UNE ÉTOILE STABLE

Âgé de 4,6 milliards d'années, le Soleil est une étoile stable qui brille grâce à la fusion nucléaire qui s'opère en son centre. Ce phénomène libère une énergie colossale sous la forme de rayons gamma (voir p. 72), qui mettent 100.000 années à se propager de son centre à sa surface. Au fur et à mesure de leur progression, les rayons gamma perdent de l'énergie, et arrivent à la surface sous forme de lumière visible et de rayons ultraviolets.

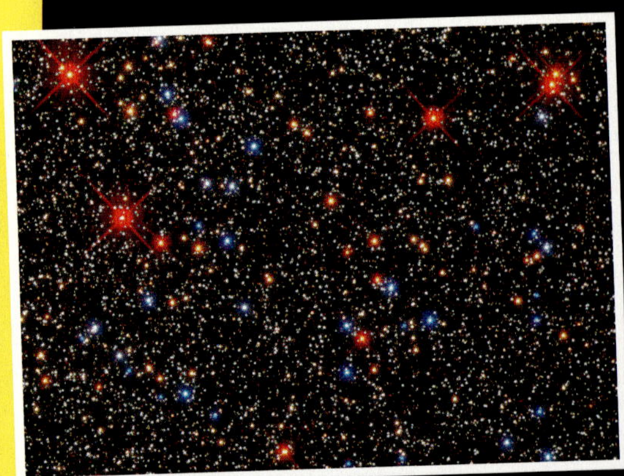

▲ *Des géantes rouges dans l'amas globulaire Oméga Centauri.*

Lorsque le Soleil deviendra une géante rouge, il aura perdu 20% de sa masse actuelle.

NAINE BLANCHE

Après plusieurs millions d'années en tant que géante rouge, les couches extérieures du Soleil vont se dilater. Le gaz va se libérer et le Soleil va progressivement s'éteindre pour former une nébuleuse planétaire. Sous l'effet de la gravité, le noyau solaire va s'effondrer sur lui-même pour devenir un corps céleste compact de la taille de la Terre, appelé naine blanche. C'est le stade final de l'évolution stellaire. Pendant des millions d'années, la naine blanche se délestera de toute sa chaleur, jusqu'à devenir froide et mourir.

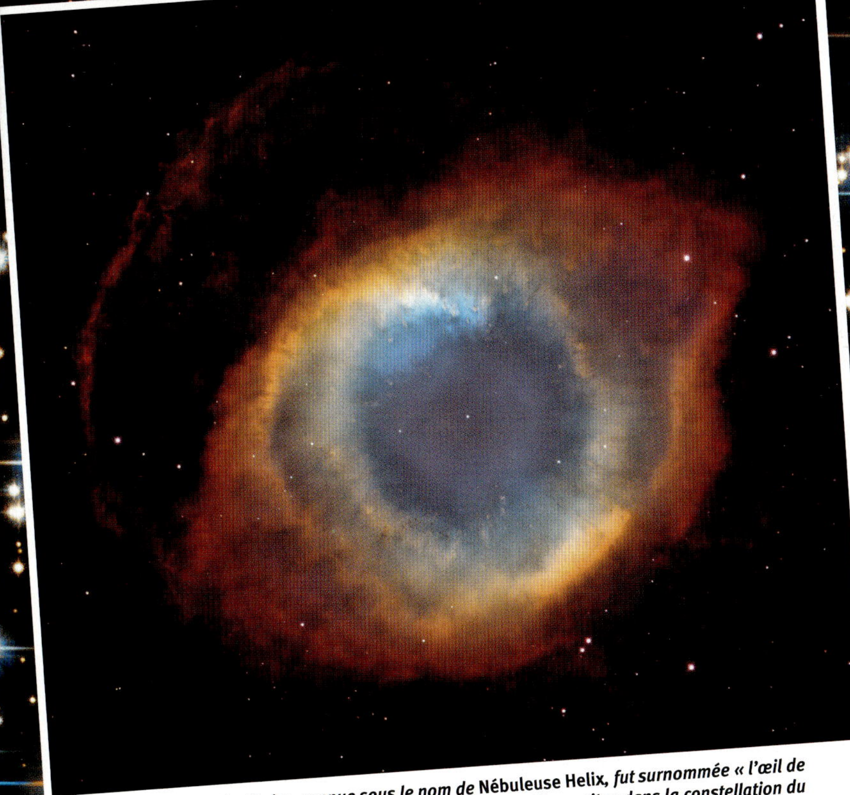

▲ *Cette nébuleuse planétaire, connue sous le nom de* **Nébuleuse Helix**, *fut surnommée « l'œil de Dieu », à cause de sa forte ressemblance avec l'oeil humain. Elle se situe dans la constellation du Verseau à 700 années-lumière.*

▼ *Les nuages de gaz et de poussières de la nébuleuse NGC 3132 tournoient autour de la naine blanche qui se trouve au centre.*

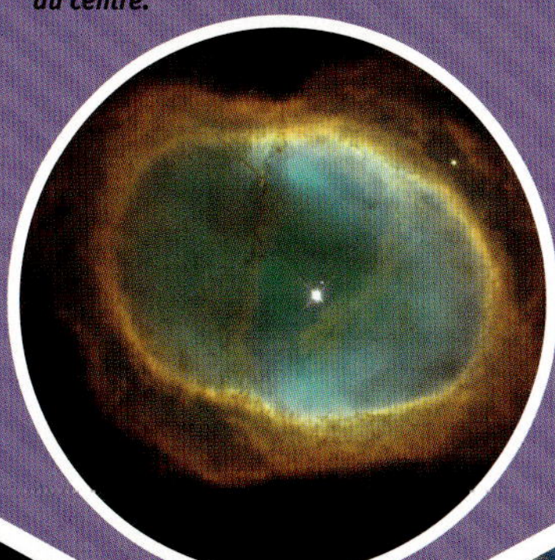

▲ *D'anciennes naines blanches brillent dans l'amas globulaire NGC 6397.*

17 La courte vie des étoiles massives

Les étoiles massives contiennent 20 à 100 fois plus de matière que le Soleil. Elles sont puissantes et brillent très fort. Cependant, elles épuisent leurs réserves de combustible nucléaire plus rapidement.

LES SUPERGÉANTES ROUGES

Après leur naissance, les étoiles massives ont une phase de stabilité pendant laquelle elles fusionnent l'hydrogène en hélium. Elles fabriquent ainsi de l'énergie qui leur permet de lutter contre la gravité. Une fois cette phase passée, les étoiles massives se dilatent pour devenir des supergéantes. Bételgeuse, qui se trouve dans la constellation d'Orion, est une supergéante rouge très connue. Sa dilatation est si importante qu'elle fait 1.000 fois la taille du Soleil.

▼ *Eta Carinae est une étoile massive entourée de nuages de matière qui ont explosé au 19ème siècle.*

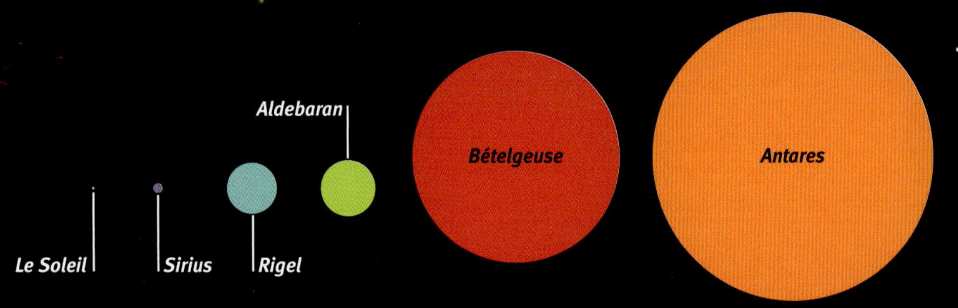

► *Le Soleil est une toute petite étoile à côté des super géantes.*

DES ÉTOILES INSTABLES

En vieillissant, les étoiles massives deviennent de moins en moins stables et perdent leurs couches externes. Le cœur d'une supergéante atteint 100 milliards °C et peut fusionner des éléments lourds tels que le carbone, l'oxygène, le silicone et le néon. Une fois toutes ces fusions réalisées, il ne reste que le fer qui ne fusionne pas : il n'y a plus de combustible. Une explosion appelée supernova détruit alors l'étoile.

▲ *L'étoile supermassive Kappa Cassiopeiae est entourée d'un anneau rouge qui indique la zone à partir de laquelle son champ magnétique interagit avec les gaz et les poussières.*

Si Bételgeuse était au centre de notre Système solaire, elle s'étirerait jusqu'à Jupiter.

Les supernovae

18

La phase finale du cycle de vie d'une étoile se déroule quand elle ne génère plus suffisamment d'énergie dans son noyau. La supergéante se comprime sous l'effet de la gravité et finit par exploser.

◀ Un dessin de supernova dans le ciel nocturne.

UNE EXPLOSION NUCLÉAIRE

Une supernova est l'explosion d'une étoile géante. La quantité d'énergie libérée la fait briller 100 fois plus que 1 million de Soleils et même plus intensément que toute sa galaxie ! Lors de l'explosion, de la matière appelée « rémanent » est éjectée. Cette matière contient les éléments chimiques issus des fusions successives jusqu'au fer. Elle contient même de l'or et de l'argent. Le rémanent va donner naissance à une nébuleuse. Le cœur de l'étoile va s'effondrer sur lui-même, puis devenir une **étoile à neutrons** ou un trou noir.

EXPLOSION DE SUPERNOVA

Lorsque l'étoile a épuisé tout son hydrogène, elle se trouve à court de combustible. Le fer s'accumule dans le noyau, qui se transforme en neutrons. En quelques secondes, les couches externes s'effondrent sous l'effet de la force gravitationnelle. Elles rebondissent sur le noyau, créant ainsi une onde de choc qui les propulse à plus de 300.000 km/h, loin du noyau.

▼ Les gaz et les poussières de la nébuleuse du Voile sont les rémanents d'une supernova qui a explosé 5.000 à 8.000 années auparavant.

3 supernovae se produisent chaque année dans la Voie Lactée.

19 Recyclage cosmique

Les galaxies fonctionnent comme des usines de recyclage d'étoiles. Chaque galaxie est composée de milliards d'étoiles à des stades de vie différents. Certaines sont en formation, d'autres se consument et d'autres meurent. La matière d'une étoile morte est utilisée pour la formation d'une nouvelle étoile.

NAISSANCE ET VIE

Le recyclage cosmique débute avec la naissance de nouvelles étoiles dans les nébuleuses. À l'intérieur des étoiles, les réactions nucléaires créent des composants chimiques. Ces mêmes étoiles meurent et produisent des nébuleuses dans lesquelles vont naître de nouvelles étoiles. À force de reproduire ce cycle, les nébuleuses accumulent de plus en plus d'éléments lourds tels que du carbone, du silicium et de l'oxygène.

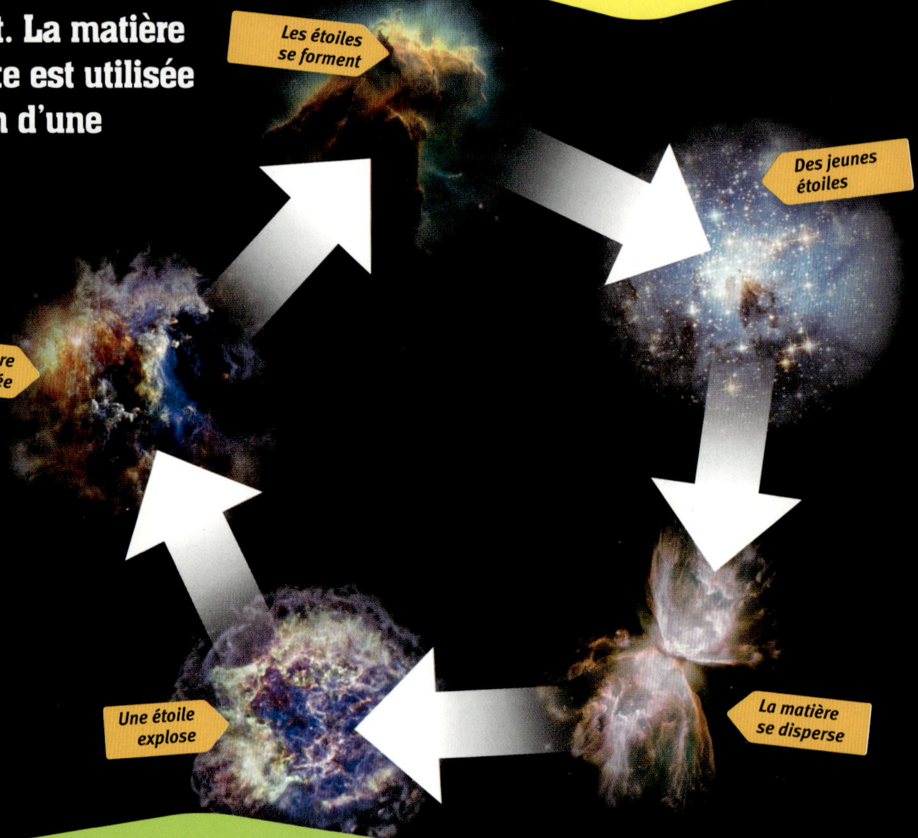

► *Au cours de l'évolution stellaire, la matière est constamment recyclée.*

Les résidus de matière d'une supernova sont dispersés à travers toute la galaxie.

UNE ÉTOILE DE TROISIÈME GÉNÉRATION

Après l'étude des différents composants du Soleil, les scientifiques pensent que c'est une étoile de troisième génération. Le Soleil contient des matériaux lourds comme du fer et de l'or, des composants qui peuvent uniquement provenir d'une étoile supermassive. Ceci indique que le Soleil a été formé dans un nuage de gaz et de poussières qui contenait de la matière issue d'une supernova. Dans le Système solaire, ces métaux lourds ont permis la formation de planètes rocheuses comme la Terre. Ils ont aussi contribué aux réactions chimiques nécessaires à l'évolution de la vie sur Terre.

La densité des naines blanches

Dans 5 milliards d'années, le Soleil deviendra une naine blanche (voir p. 31) et il aura perdu la moitié de sa masse actuelle. La gravité l'aura contracté en objet céleste de la taille de la Terre. Sa densité sera très élevée : un morceau de la taille d'un sucre pèserait 1 tonne sur Terre.

UN ÉNORME DIAMANT

Le cœur d'une naine blanche est composé de carbone. Pendant des millions d'années, l'étoile se refroidit et le carbone se cristallise en diamant.
Il y aurait ainsi un grand nombre de diamants géants dans l'espace.

20

La gravité d'une naine blanche est 350.000 fois supérieure à celle de la Terre.

SIRIUS B

Sirius, l'étoile la plus brillante de notre ciel nocturne, est un système stellaire de deux étoiles à 3,6 années-lumière. Sirius A est une étoile blanche et Sirius B est l'une des premières naines blanches découvertes par les astronomes. Sirius B est née il y a 60 millions d'années avec une masse 5 fois supérieure à celle du Soleil. Tout au long de son évolution, elle a éjecté de la matière dans l'espace jusqu'à devenir une naine blanche de masse équivalente à celle du Soleil.

▲ *Sirius B, le petit point bleu sur cette image, est bien moins lumineuse que Sirius A.*

21

Étoiles à neutrons et pulsars

Lorsqu'une étoile massive a épuisé tout son combustible, elle explose en supernova. Il reste alors des neutrons maintenus ensemble par la force gravitationnelle. Cet astre, à la vitesse d'évolution élevée, est appelé étoile à neutrons.

▼ *La nébuleuse du Crabe est le résultat d'une supernova qui s'est produite en 1054. Au centre, on peut voir une étoile à neutrons de 20 km de large qui tourne sur son axe plus de 30 fois par seconde.*

POIDS LOURD

Une étoile à neutrons a une force gravitationnelle 2 milliards de fois supérieure à celle ressentie sur Terre. Un morceau de matière d'étoile à neutrons de la taille d'un morceau de sucre pèserait 1 milliard de tonnes sur Terre.

FORTE ROTATION

Lorsqu'une étoile s'effondre dans une supernova, elle commence à tourner sur elle-même très rapidement, jusqu'à 40.000 tours par minute. Certaines étoiles à neutrons sont entourées d'un champ magnétique intense, qui produit des rayonnements (X, gamma), ainsi que des ondes qui peuvent être captées par les radiotélescopes. On les appelle des pulsars.

▲ *Des particules chargées de très grande énergie rayonnent sur une étoile à neutrons.*

Plus de 600 pulsars ont été découverts. Il pourrait y en avoir 100.000 supplémentaires.

Les trous noirs

22

Les étoiles massives explosent en supernovae, puis terminent leur vie soit en naine blanche, soit en trou noir. Quand un trou noir se forme, il attire les objets qui l'entourent. L'attraction est si forte que les objets célestes, ainsi que la lumière, sont engloutis.

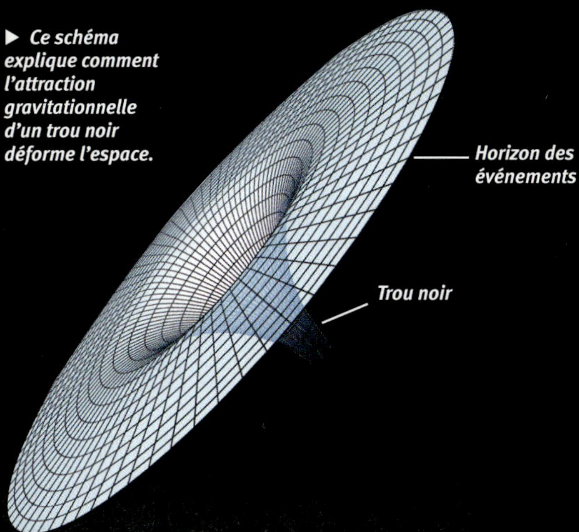

▶ *Ce schéma explique comment l'attraction gravitationnelle d'un trou noir déforme l'espace.*

PAS D'ISSUE

Certains trous noirs ont une masse 2 à 3 fois supérieure à celle du Soleil, d'autres sont les rémanents d'étoiles 20 fois plus lourdes que le Soleil. Lors d'une supernova, le cœur de l'étoile atteint 100 milliards de degrés Celsius. Aucune force ne peut alors résister à la force gravitationnelle.

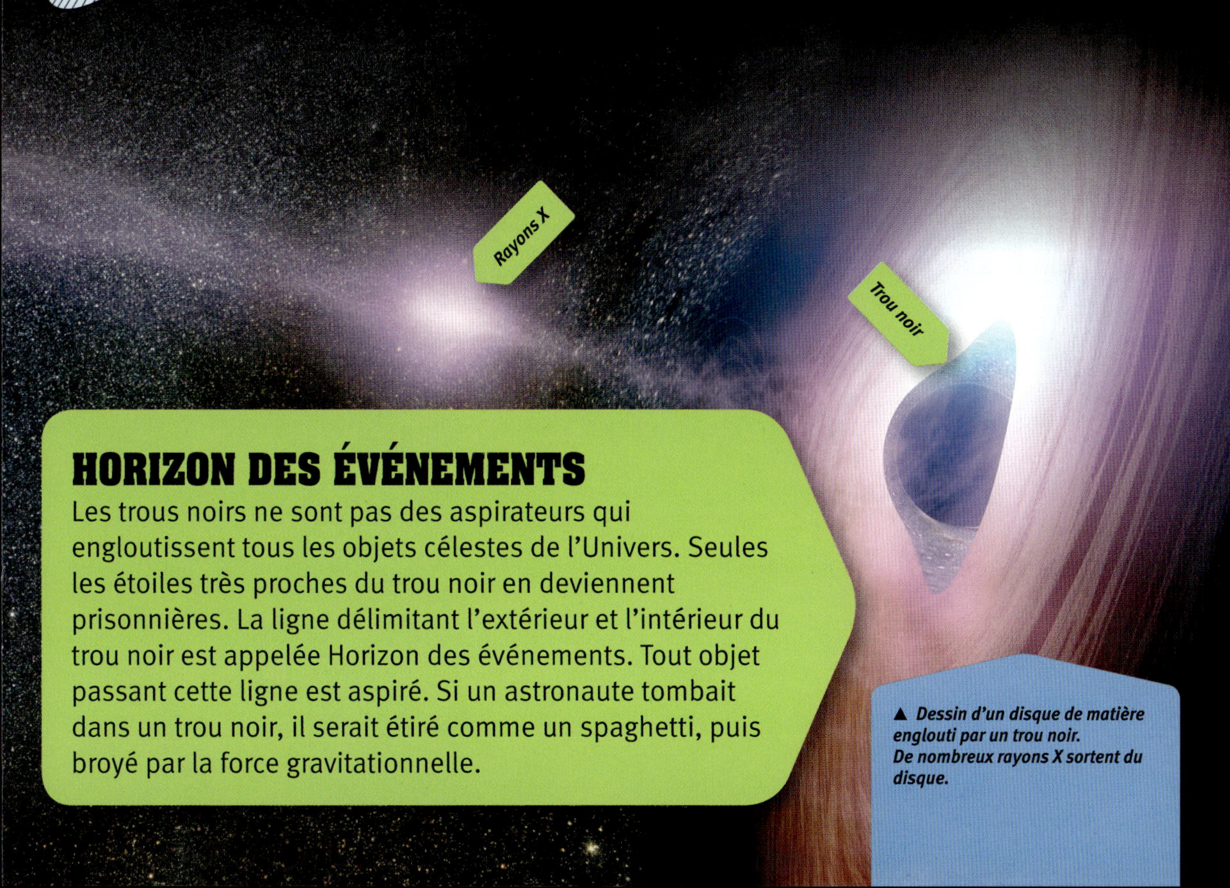

HORIZON DES ÉVÉNEMENTS

Les trous noirs ne sont pas des aspirateurs qui engloutissent tous les objets célestes de l'Univers. Seules les étoiles très proches du trou noir en deviennent prisonnières. La ligne délimitant l'extérieur et l'intérieur du trou noir est appelée Horizon des événements. Tout objet passant cette ligne est aspiré. Si un astronaute tombait dans un trou noir, il serait étiré comme un spaghetti, puis broyé par la force gravitationnelle.

▲ *Dessin d'un disque de matière englouti par un trou noir. De nombreux rayons X sortent du disque.*

Un trou noir peut être 1 million de fois plus grand que le Soleil.

Exploration du Système solaire

Depuis 50 ans, notre compréhension du Système solaire ne cesse de progresser au fil des découvertes, qui ont essentiellement été permises grâce aux sondes spatiales et aux atterrisseurs.

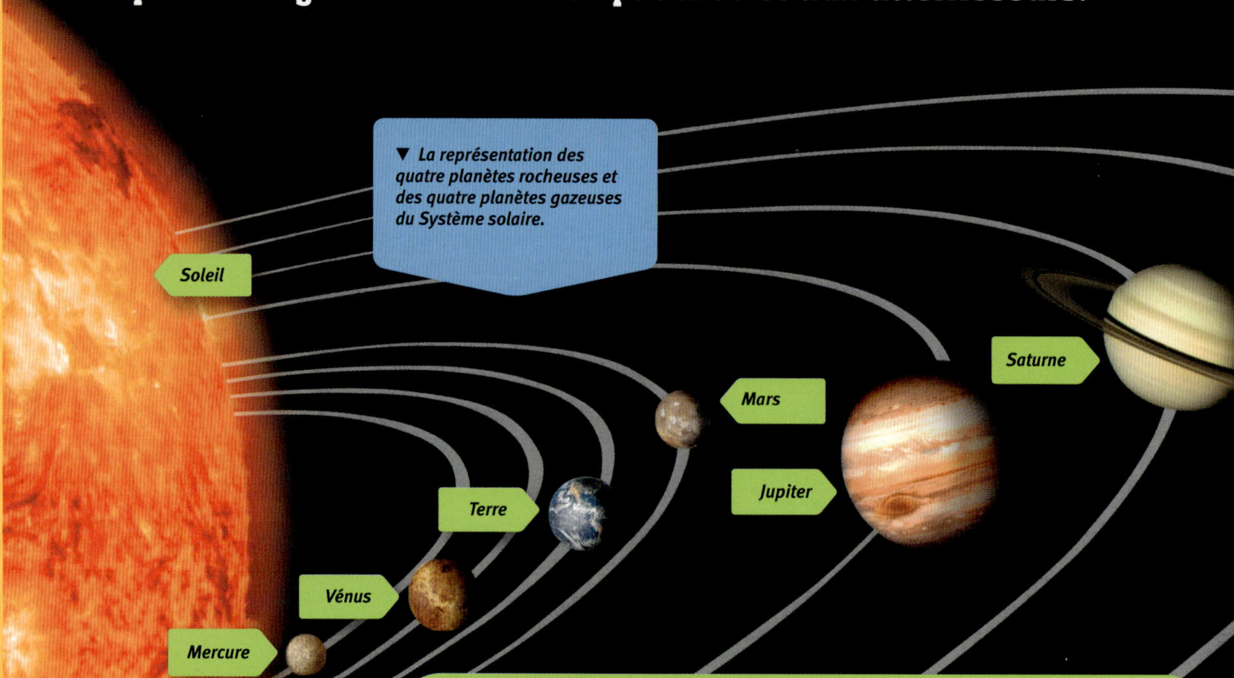

▼ *La représentation des quatre planètes rocheuses et des quatre planètes gazeuses du Système solaire.*

LA FAMILLE SOLAIRE

Le Système solaire est composé de 8 planètes, 170 lunes, plusieurs planètes naines, des millions d'**astéroïdes** et de milliards de comètes. La masse du Soleil représente 98 % de la masse totale du Système solaire. C'est son énorme gravitation qui maintient en orbite les planètes et les objets célestes. Près du Soleil, là où les températures sont élevées, des petites planètes rocheuses se sont formées. Dans les régions plus lointaines et plus froides, des planètes beaucoup plus grandes se sont formées. Leur force gravitationnelle a attiré de grandes quantités de gaz qui ont composé d'énormes athmosphères.

Mercure
Mercure est la planète la plus cratérisée du Système solaire (voir p. 42).

Vénus
Vénus est la planète la plus chaude (voir p. 43).

La Terre
La Terre est la seule planète actuellement connue qui abrite la vie (voir p. 44).

Mars
La surface de Mars a été explorée par des robots mobiles (voir p. 45).

Les lunes de certaines planètes géantes cachent de vastes océans recouverts de glace.

FORMATION

Le Système solaire a été formé il y a 4,6 milliards d'années dans un nuage de gaz et de poussières. Les gaz se sont contractés sous l'effet de la gravité jusqu'à la naissance du Soleil. Le reste de matière a pris la forme d'un disque tourbillonnant autour de cette jeune étoile. Des particules minuscules se sont heurtées et ont fusionné pour devenir, après des millions d'années, des lunes et des planètes.

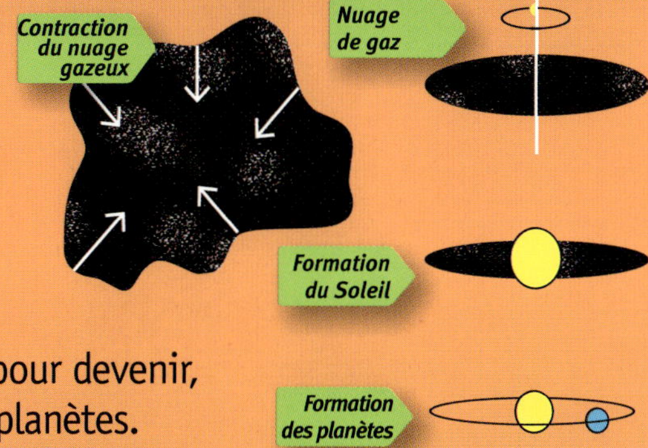

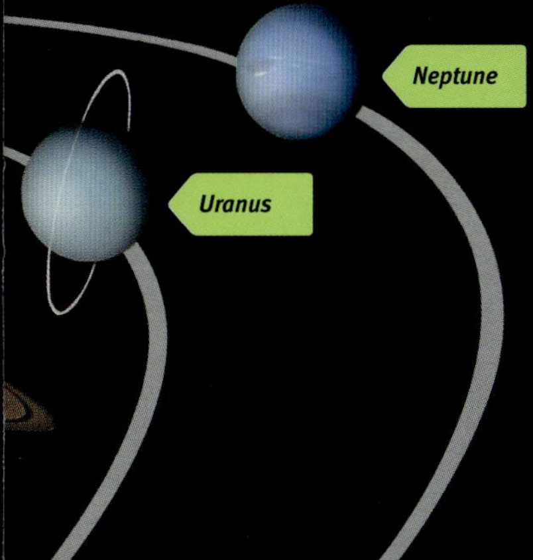

PLANÈTES NAINES

Notre Système solaire abrite également des planètes naines, objets sphériques plus petits que les planètes. Ceres, Pluton, Eris, Makemake et Haumea sont cinq planètes naines déjà répertoriées, mais les scientifiques pensent qu'une douzaine d'autres pourraient être découvertes.

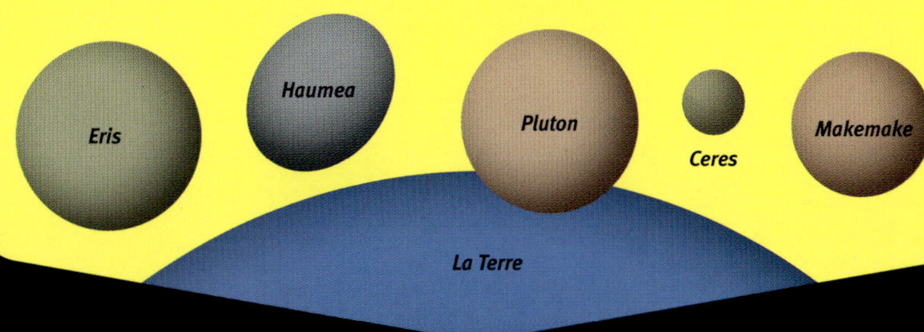

▲ *L'astéroïde 243 Ida, de forme irrégulière, possède sa propre lune, Dactyl.*

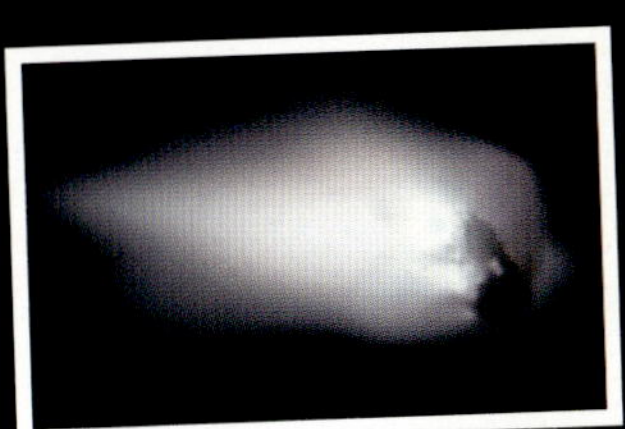

▶ *La comète de Halley pénètre dans le Système solaire intérieur tous les 76 ans.*

ASTÉROÏDES ET COMÈTES

La ceinture d'astéroïdes est une zone située entre Mars et Jupiter, dans laquelle des milliards de petits corps circulent. Il s'agit de restes de planètes, allant de la taille d'un galet à 1.000 km de diamètre. Dans le nuage d'Oort, un cercle aux confins du Système solaire, on trouve des milliards de comètes composées de glace, de neige et de roche. On les appelle comètes à longue période, car elles font un voyage très long pour aller de la frontière du Système solaire jusqu'au Soleil.

Jupiter
Avec 67 lunes, Jupiter est la planète qui possède le plus de lunes (voir p. 47).

Saturne
Les anneaux de Saturne sont composés de débris de roches et de glace (voir p. 48-49).

Uranus
Uranus suit un axe de rotation incliné (voir p. 52).

Neptune
Neptune supporte les vents les plus forts du Système solaire (voir p. 53).

24

Chiffres planétaires

MARS

Diamètre (km) : 6.792

Masse (comparée à celle de la Terre) : 0,107

Gravité (comparée à celle de la Terre) : 0,38

Les huit planètes vont de la minuscule Mercure, qui n'a pas de lune, à la géante Jupiter, qui en a 67.

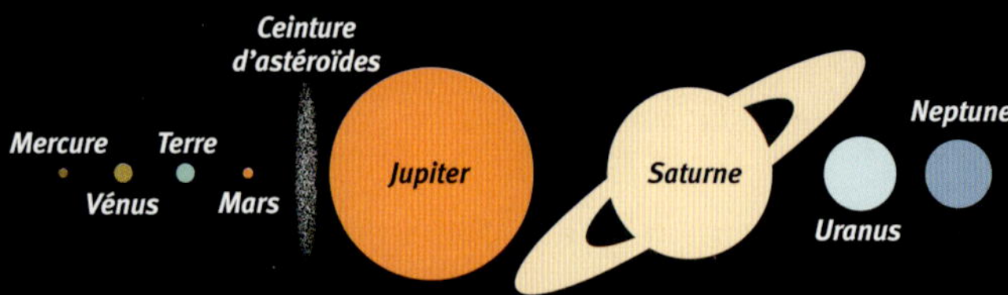

▲ *Si l'on respectait l'échelle réelle pour représenter la distance entre les planètes, ce livre mesurerait des centaines de mètres de long.*

MERCURE

Diamètre (km) : 4.879

Masse (comparée à celle de la Terre) : 0,055

Gravité (comparée à celle de la Terre) : 0,38

Distance moyenne du Soleil (en millions de km) : 57,9

Période de rotation (en heures) : 1.407,6

Période orbitale (en années terrestres) : 0,24

Nombre de lunes : 0

Atmosphère : aucune

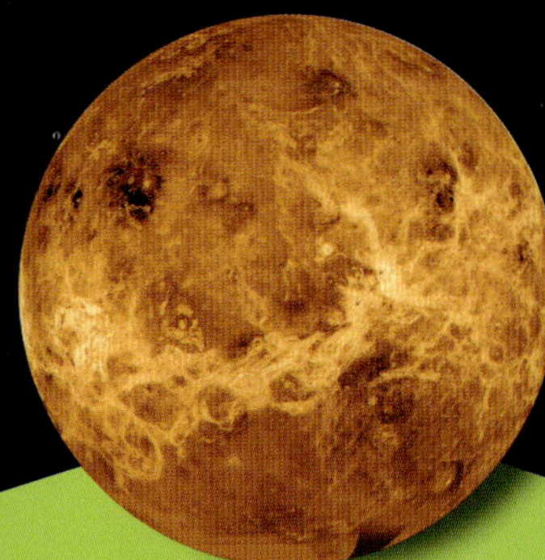

VÉNUS

Diamètre (km) : 12.104

Masse (comparée à celle de la Terre) : 0,815

Gravité (comparée à celle de la Terre) : 0,9

Distance moyenne du Soleil (en millions de km) : 108,2

Période de rotation (en heures) : 5.832,5

Période orbitale (en années terrestres) : 0,62

Nombre de lunes : 0

Atmosphère : très dense, composée de dioxyde de carbone

LA TERRE

Diamètre (km) : 12.756

Masse (comparée à celle de la Terre) : 1

Gravité (comparée à celle de la Terre) : 1

Distance moyenne du Soleil (en millions de km) : 149,6

Période de rotation (en heures) : 23,9

Période orbitale (en années terrestres) : 1

Nombre de lunes : 1

Atmosphère : dense, composée d'azote et d'oxygène

Ganymède est l'une des lunes satellites de Jupiter, plus grande que Mercure.

Distance moyenne du Soleil (en millions de km) : 227,9

Période de rotation (en heures) : 24,6

Période orbitale (en années terrestres) : 1,88

Nombre de lunes : 2

Atmosphère : peu dense, composée de dioxyde de carbone

JUPITER

Diamètre (km) : 142.984

Masse (comparée à celle de la Terre) : 318

Gravité (comparée à celle de la Terre) : 2,64

Distance moyenne du Soleil (en millions de km) : 778,6

Période de rotation (en heures) : 9,9

Période orbitale (en années terrestres) : 11,9

Nombre de lunes : 67

Atmosphère : très dense, composée d'hydrogène, de méthane et d'hélium

SATURNE

Diamètre (km) : 120.536

Masse (comparée à celle de la Terre) : 95

Gravité (comparée à celle de la Terre) : 0,93

Distance moyenne du Soleil (en millions de km) : 1434

Période de rotation (en heures) : 10,7

Période orbitale (en années terrestres) : 29,5

Nombre de lunes : 62

Atmosphère : très dense, composée d'hydrogène, de méthane et d'hélium

NEPTUNE

Diamètre (km) : 49.528

Masse (comparée à celle de la Terre) : 17

Gravité (comparée à celle de la Terre) : 1,12

Distance moyenne du Soleil (en millions de km) : 4495

Période de rotation (en heures) : 16,1

Période orbitale (en années terrestres) : 164,8

Nombre de lunes : 14

Atmosphère : très dense, composée d'hydrogène, de méthane et d'hélium

URANUS

Diamètre (km) : 51.118

Masse (comparée à celle de la Terre) : 15

Gravité (comparée à celle de la Terre) : 0,89

Distance moyenne du Soleil (en millions de km) : 2.873

Période de rotation (en heures) : 17,2

Période orbitale (en années terrestres) : 84

Nombre de lunes : 27

Atmosphère : très épaisse, composée d'hydrogène, de méthane et d'hélium

25

Messenger sur Mercure

En raison de sa proximité avec le Soleil, il est difficile d'observer et d'explorer Mercure. Dans la journée, les températures peuvent atteindre 450 °C et comme il n'y a pas d'atmosphère, les nuits sont extrêmement froides, jusqu'à -180 °C.

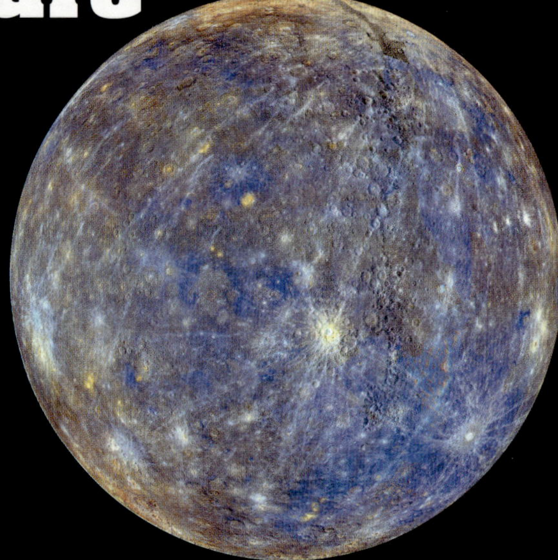

▼ *Une photographie prise par Messenger et artificiellement colorée, pour montrer les roches en surface.*

Mercure doit son nom au messager romain des Dieux qui se déplaçait très vite.

EXPLORER MERCURE

Lancée par la NASA le 3 aout 2004, la **sonde** spatiale *Messenger* a été la première à orbiter autour de la planète la plus proche du Soleil. *Messenger* trace les plans de surface de Mercure depuis mars 2011. Elle a également étudié les cratères du pôle nord de Mercure. Ils sont remplis d'eau glacée et ont été probablement causés il a des millions d'années par des collisions de comètes et d'astéroïdes.

▲ *Zoom sur Mercure, la planète la plus cratérisée du Système solaire.*

ATTERRISSAGE FORCÉ

En 2015, après avoir terminé sa mission et épuisé ses réserves de carburant, *Messenger* s'est écrasée sur Mercure le 30 avril 2015. Elle a percuté la surface de la planète à une vitesse de 14.080 km/h, faisant un cratère de 16 mètres de large dans le sol.

Vénus Express

De taille et de composition rocheuse similaire à la Terre, Vénus est parfois appelée la jumelle de la Terre. Mais son atmosphère épaisse et mortelle, chargée de dioxyde de carbone est très différente de la nôtre. Elle agit comme une couverture, chauffant la surface jusqu'à 465 °C.

▲ *Un dessin de la sonde Vénus Express en orbite autour de Vénus.*

26

MISSION VERS VÉNUS

L'Agence Spatiale Européenne (ESA) a lancé la sonde *Vénus Express* en novembre 2005. Elle est arrivée à destination en avril 2006. Depuis cette date, elle étudie l'atmosphère et les nuages de la planète, et renvoie des données aux scientifiques.

TOUJOURS ACTIVE ?

Une grande partie de la surface de Vénus est recouverte de volcans.
Les scientifiques pensaient jusqu'à récemment qu'ils étaient éteints. Mais la sonde *Vénus Express* a découvert de l'ozone et une couche de dioxyde de soufre dans l'atmosphère de Vénus, suggérant la probabilité de volcans toujours actifs et même en éruption.

▲ *Les volcans de Vénus sont les plus anciens présents sur les planètes du Système solaire.*

Avec la Lune, Vénus est souvent l'astre le plus lumineux dans le ciel du matin, ou du soir.

27

La Terre

Formée depuis 4,6 milliards d'années, la Terre est la troisième planète à partir du Soleil, à une distance de 12.756 km. C'est la cinquième plus grosse planète du Système solaire. Sa situation par rapport au Soleil fait de la Terre une planète ni trop chaude, ni trop froide, juste à bonne température pour abriter la vie.

◄ *Avec le bleu des océans et les nuages blancs, les astronautes ont décrit la Terre comme une bille bleue flottant dans l'espace.*

La rotation de la Terre ralentit. Dans 140 millions d'années, un jour fera 25 heures.

◄ *Grâce à son eau liquide, la Terre est la seule planète habitable du Système solaire.*

UN MONDE D'EAU

La Terre est le seul objet céleste du Système solaire à avoir de l'eau liquide en permanence à sa surface. Environ 71% de la planète est recouverte d'eau, principalement présente dans les océans et dans la glace des régions polaires.

DE L'OXYGÈNE

Sur la Terre, des volcans entrent en éruption et des continents bougent, créant ainsi des montagnes et des séismes. Une atmosphère faite de 78% d'azote et de 21% d'oxygène entoure la Terre. Elle agit comme une couverture de protection. La Terre est le seul endroit du Système solaire où l'on trouve une telle quantité d'oxygène.

▼ *Les volcans en éruption déversent des roches liquides et éjectent des grandes quantités de gaz et de poussières dans l'atmosphère.*

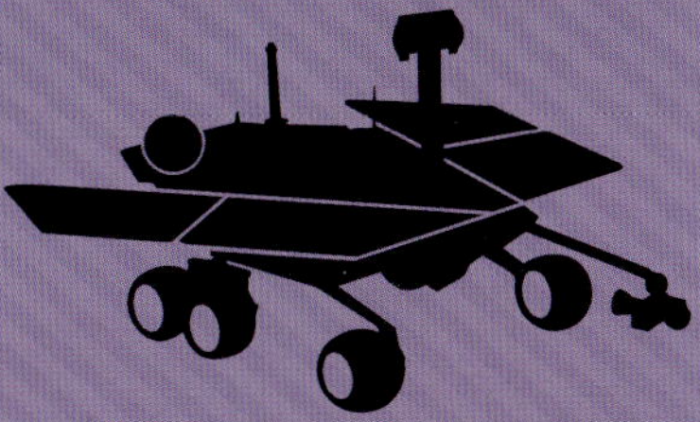

ROBOTS

Depuis 1997, l'exploration de Mars est menée par des astromobiles également appelés **rovers**. Ces robots inhabités sont équipés de matériel scientifique très sophistiqué, dont des caméras haute définition, des pelles pour récolter des échantillons, des perceuses pour casser la roche et des lasers pour analyser sa composition.

28

Mars, la planète rouge

Mars est une petite planète rocheuse qui, comme la Terre, a des saisons et une journée de 24 heures. Son atmosphère très mince en fait une planète très froide, avec des températures allant de -140 °C à 20 °C. L'oxygène est présent, mais pas en quantité suffisante pour que l'homme puisse respirer.

L'homme espère poser le pied sur Mars en 2025.

▲ *La couleur rouge de Mars est due à la grande quantité d'oxyde de fer à sa surface. La tache blanche sur son pôle nord est une calotte glaciaire composée d'eau glacée.*

▲ **Opportunity** *est l'un des deux robots qui ont atterri sur Mars en 2004.*

DES CONDITIONS FAVORABLES

Avec une atmosphère, du carbone, de l'oxygène, de l'eau sous forme de gaz ou de glace et des températures qui peuvent monter jusqu'à 20 °C l'été, Mars présente des conditions proches de celles de la Terre. Certains scientifiques pensent que l'on pourrait créer sur Mars des conditions de vie pour répondre à un surpeuplement de la Terre. Mais ce voyage de 400 millions de km coûterait très cher.

29 Les astéroïdes

L'astéroïde Ceres est si grand qu'il est considéré comme une planète naine.

Les astéroïdes sont des petits objets célestes, de quelques centimètres à mille kilomètres de diamètre, composés de roches et de métal. Ils seraient les résidus d'une planète qui ne s'est pas formée entre Mars et Jupiter.

▲ *Vesta, l'astéroïde le plus brillant du ciel nocturne, a été découvert en 1807 par l'astronome allemand Heinrich Wilhelm Olbers. Il mesure 525 km de diamètre.*

LA CEINTURE D'ASTÉROÏDES

C'est une zone du Système solaire située entre Mars et Jupiter, où l'on trouve des millions d'astéroïdes. Avec 950 km de diamètre, Ceres est le premier astéroïde connu, ainsi que le plus grand. Une autre zone, appelée ceinture de Kuiper, ressemble à la ceinture d'astéroïdes, mais elle est bien plus éloignée et se situe au-delà de Neptune.

MISSION ASTÉROÏDE

La NASA a lancé en septembre 2007 la mission *Dawn* afin d'explorer deux des plus gros objets de la ceinture d'astéroïdes.

La sonde spatiale *Dawn* est arrivée sur Ceres en 2015 après avoir gravité autour de Vesta en 2011. Cette mission a récolté de nombreuses données sur la forme, la taille, la structure, ainsi que la composition et le champ magnétique des astéroïdes.

▲ *Les scientifiques pensent que les taches lumineuses à l'intérieur des cratères pourraient être de l'eau sous forme liquide ou glacée.*

Jupiter, la reine des planètes

30

Avec 143.000 km de diamètre, Jupiter est la plus grosse planète du Système solaire. C'est une grosse boule de gaz qui entoure un petit cœur rocheux. Son atmosphère est spectaculaire, avec des vents violents et des éclairs constants. Un anticyclone gigantesque, gros comme deux fois la Terre. On l'appelle Grande Tache Rouge.

▲ *Europe et Io sont deux satellites de Jupiter. Sur l'image, Io passe juste au-dessus de Grande Tache Rouge.*

Jupiter est si grande qu'elle pourrait contenir 1.320 Terres.

EXPLORATION D'UNE GÉANTE

La sonde spatiale inhabitée *Galileo* a été lancée par la NASA en 1989, pour explorer Jupiter. La sonde est arrivée en 1995 et a orbité pendant 8 ans autour de la planète. *Galileo* a transmis des milliers d'images fantastiques de Jupiter et de ses lunes satellites. Elle a également réalisé de nombreuses mesures sur la composition et le champ magnétique de Jupiter. La mission *Galileo* s'est terminée le 21 septembre 2003 lorsque les scientifiques ont délibérément fait plonger la sonde dans l'atmosphère de Jupiter, où elle s'est désintégrée.

▼ *Europe, une des lunes satellites de Jupiter, est recouverte d'une épaisse couche de glace. Il est possible qu'il y ait un océan liquide abritant une forme de vie sous la glace.*

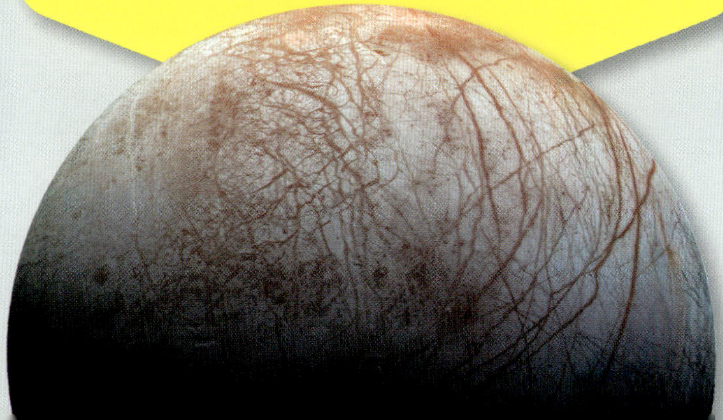

REINE DU SYSTÈME SOLAIRE

Jupiter possède 67 lunes, les plus grandes étant Io, Europe, Callisto et Ganymède. Trois anneaux fins, composés de poussières et de particules glacées, entourent la planète.

31 Les mystères de Saturne

Saturne est une véritable merveille ! Avec 120.000 km de diamètre, c'est la deuxième plus grande planète du Système solaire. Ces anneaux sont spectaculaires et sa lune, Titan, est la seule du Système solaire à posséder une atmosphère semblable à celle de la Terre.

LE SYSTÈME D'ANNEAUX

En 1610, l'astronome italien Galilée a été le premier à observer à la lunette les anneaux de Saturne. Il a décrit alors une planète avec deux oreilles. Quelques décennies plus tard, le scientifique néerlandais Christiaan Huygens grâce à un télescope plus puissant, décrit Saturne entourée d'un anneau. En 1675, un autre italien, Giovanni Cassini, remarque que l'anneau n'est pas un disque plein, mais qu'il est composé de plusieurs anneaux.

► *Sur cette image, on voit les anneaux de Saturne séparés par des cercles noirs.*

EXPLORER SATURNE

La sonde *Cassini*, lancée par la NASA et l'ESA (Agence Spatiale Européenne), a passé les 10 dernières années en orbite autour de Saturne. Elle s'est faufilée dans ses anneaux et a exploré ses lunes. *Cassini* a renvoyé des images fascinantes et ses instruments de mesure ont permis d'étudier l'atmosphère de la planète, ainsi que son champ magnétique.

L'ATMOSPHÈRE

Saturne a une atmosphère très dense faite d'hydrogène et d'hélium. De monstrueuses tempêtes, avec des vents violents soufflant jusqu'à 1.800 km/h près de l'équateur, se déclenchent chaque année saturnienne (une année équivaut à 30 ans sur Terre). Ces tempêtes orageuses peuvent durer 6 mois et décharger des éclairs 10.000 fois plus puissants que ceux que l'on observe sur Terre.

Les anneaux de Saturne ont un diamètre de 280.000 km et une épaisseur de 20 mètres.

DES ANNEAUX DE PARTICULES

Cassini a renvoyé de nombreuses images haute résolution des anneaux de Saturne - en tout, plus de 30 anneaux - composés de milliards de particules de roches et de glace. Certaines ont la taille d'un grain de sucre et d'autres la taille d'une maison.

▲ *Sur cette photographie prise par* Cassini *dans l'ombre de Saturne, les anneaux sont éclairés par le Soleil.*

◄ *Lancée en octobre 1997, la sonde spatiale* Cassini *a mis presque 7 années à atteindre Saturne. Elle est arrivée près de la planète en juin 2004.*

▲ *Des parachutes ont freiné la descente de* Huygens *dans l'épaisse atmosphère d'azote.*

L'ATTERRISSEUR DE TITAN

Cassini transportait un **atterrisseur** appelé *Huygens,* du nom de l'astronome néerlandais. *Huygens* a atterri avec succès sur Titan le 14 janvier 2005. La surface de Titan est un endroit étrange avec des lacs de méthane liquide et des rivières huileuses (voir p. 51).

32 Autres systèmes à anneaux

Les trois autres planètes gazeuses géantes - Jupiter, Uranus et Neptune - ont également un système d'anneaux composés de particules de glace.

▲ *Un dessin des anneaux de Jupiter.*

◀ *Une image artificiellement colorée du système d'anneaux d'Uranus.*

NOUVEAUX ANNEAUX

Les anneaux de Jupiter ont été découverts en 1979 par la sonde spatiale *Voyager 1* quand elle est passée à proximité de la planète. La planète géante possède 4 anneaux principaux. Ils sont sombres et à peine visibles car principalement composés de poussières. Uranus a 13 anneaux qui auraient moins de 600 millions d'années. Ils font seulement quelques kilomètres de largeur et sont composés de poussières. L'observation de Neptune est difficile à réaliser, en raison des 6 anneaux sombres qui l'entourent. Ils ont été aperçus pour la première fois en 1989 par le vaisseau *Voyager 2*.

LA FORMATION DES ANNEAUX

La plupart des anneaux qui entourent les planètes géantes gazeuses ont probablement été formés au même moment que les planètes. Cependant, certains anneaux pourraient être des débris arrachés à des lunes qui seraient sorties de leur orbite. Chaque système d'anneaux est composé d'anneaux séparés les uns des autres, qui pourraient correspondre à la trajectoire des lunes.

▼ *Une photographie des anneaux sombres de Neptune prise par le vaisseau spatial* Voyager 2.

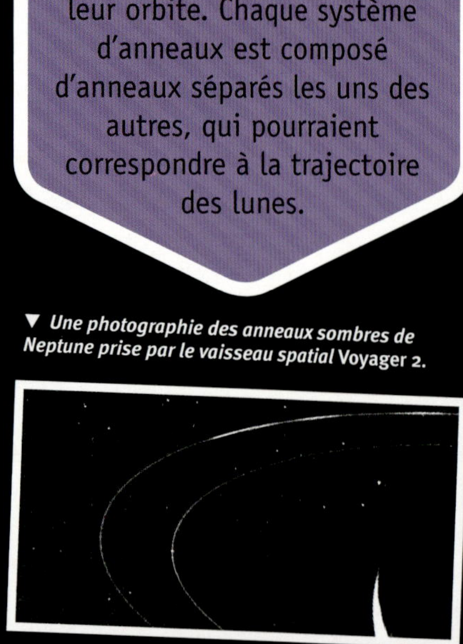

Les anneaux de Jupiter sont composés de poussières d'impacts de météorites sur ses lunes.

▲ *Titan en orbite devant Saturne photographié par la sonde* Cassini.

Atterrissage sur Titan

33

Titan est un satellite de Saturne, la plus grande de ses 62 lunes connues. Elle est aussi la deuxième plus grande lune du Système solaire et la seule à posséder sa propre atmosphère épaisse et ses nuages. Titan est une lune glacée, probablement très similaire à ce qu'était la Terre il y a des milliards d'années, au tout début de la vie sur notre planète.

Sur Titan, une rivière de méthane et d'éthane liquide fait 320 km.

SOUS LES NUAGES

L'atmosphère de Titan est si épaisse qu'elle recouvre complètement la surface. Pour mieux comprendre cette lune, les scientifiques y ont fait atterrir la sonde *Huygens* en 2005 (voir p. 49). C'est la première fois qu'une sonde atterrissait sur une lune autre que sur la nôtre, mais les batteries ne durèrent que 1 heure. Les scientifiques planifient de nouvelles missions sur Titan dont peut-être, l'atterrissage d'une sonde flottante sur un des lacs de la lune.

▼ *Après sa descente à travers l'atmosphère de Titan,* Huygens *s'est posé sur un endroit humide, qui ressemble à du sable avec des petits galets.*

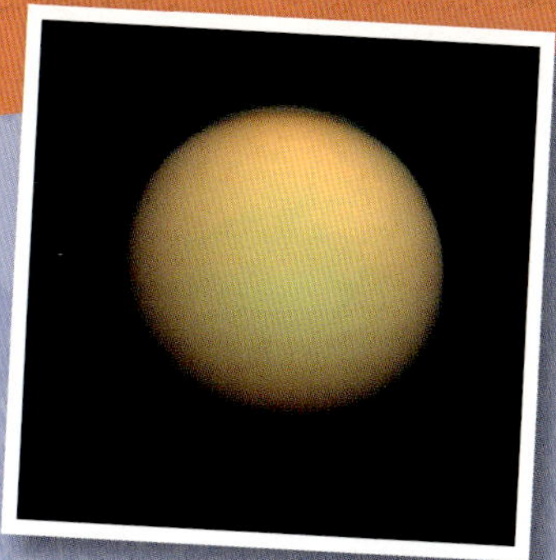

▲ *L'atmosphère épaisse de Titan lui donne l'allure d'un ballon marron et flou.*

UN MONDE ÉTRANGE

À la surface de Titan, la température est si froide que le gaz naturel que nous utilisons sur Terre comme combustible devient un liquide huileux et coule dans les rivières et les lacs. Les vents y sont très violents et forment des dunes géantes de sable huileux. Les scientifiques pensent qu'il y a aussi des volcans qui crachent de l'eau glacée .

34

Uranus, la planète qui roule

Toutes les planètes tournent sur leur axe comme des toupies, sauf Uranus qui tourne autour du Soleil en roulant sur le côté comme un tonneau. Les astronomes pensent que c'est la conséquence d'une collision avec un énorme objet de la taille de la Terre, qui l'aurait renversée il y a des milliards d'années.

▲ *Un des premiers zooms d'Uranus pris par Voyager 2 en 1986.*

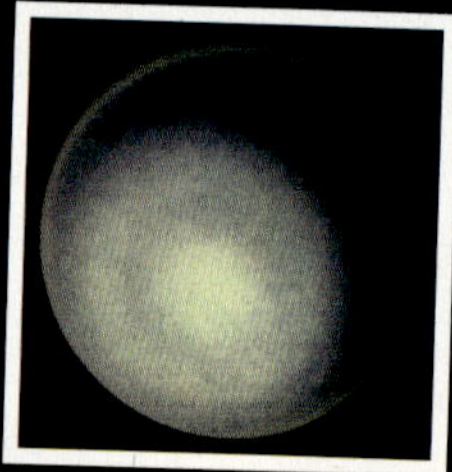

◄ *Voici une mise en valeur graphique de l'atmosphère brumeuse d'Uranus.*

UNE GÉANTE GAZEUSE

L'atmosphère très épaisse d'Uranus est composée d'hydrogène, d'hélium et d'une petite quantité de méthane. Le méthane absorbe la lumière rouge et réfléchit la lumière bleue. C'est pour cela que la planète apparaît bleue. Nous ne pouvons pas voir la surface d'Uranus, mais les scientifiques pensent que sous son atmosphère, on trouve un mélange d'eau glacée, d'ammoniac et de méthane. Le centre de la planète serait un petit cœur rocheux.

LUNES DE SHAKESPEARE

Les 27 lunes d'Uranus ont le point commun de porter un nom de personnage tiré des œuvres de Shakespeare. Les plus grandes, Oberon et Titania, ont été découvertes en 1787 par l'astronome britannique William Herschel. Miranda, une autre lune d'Uranus, possède des canyons géants 12 fois plus profonds que le Grand Canyon aux USA.

◄ ***Miranda, la 5ème plus grande lune d'Uranus, est recouverte de canyons, de vallées et de cratères.***

Avec des températures descendant à - 224 °C, Uranus est la planète la plus froide du Système solaire.

Neptune la bleue

Neptune est presque la jumelle d'Uranus avec son atmosphère composée d'hydrogène, d'hélium et de méthane, mais sa couleur bleue est plus marquée. Son cœur rocheux serait recouvert d'une épaisse couche de glace.

◄ C'est le méthane qui donne à Neptune cette couleur bleu profond. Au centre de cette image, on voit la Grande Tache sombre.

35

Neptune met 164 ans pour tourner autour du Soleil.

UNE PLANÈTE VENTEUSE

Avec des vents de plus de 2.400 km/heure dans les couches supérieures de son atmosphère, Neptune est la planète la plus venteuse du Système solaire. Comme toutes les planètes géantes, les couches supérieures de son atmosphère sont composées de méthane et les couches inférieures d'eau glacée, de sulfure d'hydrogène et d'ammoniac. Neptune est caractérisée par une tempête géante de 1.280 km de diamètre connu sous le nom de « Grande Tache sombre ».

► Dans la partie supérieure de l'atmosphère de Neptune, les vents forment de longs nuages blancs.

◄ Un gros plan de la Grande Tache sombre, aussi grande que la Terre, qui apparaît et disparaît régulièrement depuis sa découverte en 1989.

LES LUNES DE NEPTUNE

Triton est la plus grande des 14 lunes de Neptune. C'est probablement la seule lune du Système solaire qui orbite dans le sens inverse de sa planète. En 1989, *Voyager 2* a fait la découverte exceptionnelle de volcans actifs sur la surface de Triton : des geysers qui crachent de l'eau glacée et des gaz jusqu'à 8 km de hauteur.

36 *New Horizons* sur Pluton

Pluton est une **planète naine** qui orbite à l'extrémité du Système solaire, à 5 milliards de km de la Terre. En juillet 2015, après 9 ans de voyage, *New Horizons*, le vaisseau spatial de la NASA, s'est approché de Pluton.

▲ *New Horizons* se dirige actuellement vers un minuscule objet gelé aux confins du Système solaire externe appelé 2014 MU69. Il devrait l'atteindre en janvier 2019 avant de poursuivre sa route vers la ceinture de Kuiper.

▲ Charon est le plus grand satellite de Pluton.

Avec un diamètre inférieur à 2.400 km, Pluton est plus petite que notre Lune.

LES SATELLITES DE PLUTON

New Horizons a renvoyé les premiers clichés des cinq petites lunes de Pluton. Les scientifiques pensent qu'il y a des volcans de glace en éruption sous la surface de Charon. Les quatre autres lunes ont un diamètre compris entre 7 et 50 km. Nix est ovale et orbite autour de Pluton dans une trajectoire aléatoire, comme si elle penchait et vacillait.

RIVIÈRES, FALAISES ET VALLÉES

Les images rapportées par *New Horizons* montrent des cratères formés par l'impact d'objets célestes, ainsi que des falaises et des vallées. Pluton est si éloignée du Soleil que sa surface est en permanence à – 220 °C.

Nuées de comètes

37

Les comètes sont des visiteuses rares, mais spectaculaires. Ce sont des objets célestes de petite taille, de quelques kilomètres de diamètre, composés d'une grande quantité d'eau glacée et de roches. Les scientifiques pensent qu'elles ont contribué à la formation des océans sur Terre, lorsqu'elles sont rentrées en collision avec notre planète il y a des milliards d'années.

▼ Sur cette photographie de la comète Hale-Bopp, on distingue très bien la queue brillante de gaz et de poussières qui jaillit à l'arrière. Les queues de comètes peuvent mesurer jusqu'à 10 millions de km de long.

LE NUAGE D'OORT

Le nuage d'Oort se situe à plus de 6.500 milliards de km du Soleil, bien au-delà de Pluton et de la ceinture de Kuiper, vers les limites les plus lointaines du Système solaire. Il abrite des milliards de petits objets glacés datant de la formation du Système solaire. Parfois, des collisions expédient ces objets vers le Soleil.

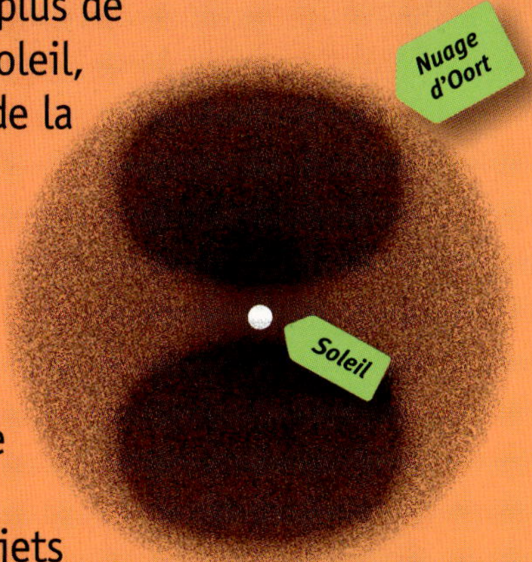

QUEUES DE COMÈTES

Quand une comète s'approche du Soleil, elle s'échauffe et la glace qu'elle renferme se transforme en jet de poussières et de gaz, formant ainsi une queue de plusieurs milliers de kilomètres. C'est à cet instant qu'une comète est spectaculaire à voir dans le ciel nocturne. Ensuite, la comète poursuit son orbite autour du Soleil et retourne dans la zone du nuage d'Oort.

Les queues des comètes forment un spectacle grandiose dans le ciel nocturne.

Les exoplanètes

Les astronomes ont découvert dans notre galaxie de nombreuses planètes en orbite autour d'étoiles autres que le Soleil. Ces planètes situées hors du Système solaire sont appelées exoplanètes. On en a déjà découvert plus de 1.700. Parmi les 200 milliards d'étoiles de notre galaxie, plus de 20 milliards pourraient posséder leur propre système planétaire.

2 milliards de planètes habitables pourraient exister dans notre galaxie.

DIFFICILE À REPÉRER

Une étoile réduit la luminosité de ses **exoplanètes** entre 1 million et 1 milliard de fois. Il est donc très difficile de voir ou de photographier une exoplanète en pointant un télescope sur une étoile. Les astronomes ont récemment mis au point des méthodes complexes et des télescopes très performants pour repérer des planètes qui tournent autour d'étoiles situées hors du Système solaire.

LES ÉTOILES OSCILLANTES

L'attraction gravitationnelle d'une grande planète fait osciller son étoile. Pendant leur rotation autour du Soleil et sous l'effet de l'attraction gravitationnelle, Jupiter et Saturne, les deux plus gros objets du Système solaire, le font légèrement trembler. La lumière diffusée par une étoile oscillante varie et produit des longueurs d'ondes différentes.

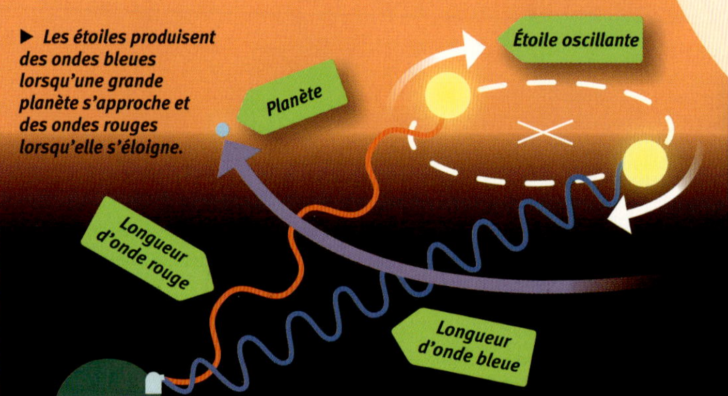

► *Les étoiles produisent des ondes bleues lorsqu'une grande planète s'approche et des ondes rouges lorsqu'elle s'éloigne.*

Nouveaux mondes
Les astronomes ont découvert des centaines d'exoplanètes (voir ci-dessus).

Attraction-répulsion
Les grandes exoplanètes font légèrement osciller leur étoile (voir ci-dessus).

Luminosité variable
Les exoplanètes font baisser la luminosité de leur étoile (voir p. 57).

Recherche de planètes
Le télescope spatial *Kepler* détecte les exoplanètes (voir p. 57).

BAISSER LA LUMIÈRE

Pour détecter les planètes de petite taille, on utilise la méthode du transit planétaire. Lorsqu'une planète passe devant une étoile, la luminosité de l'étoile diminue. Cette mini-éclipse est appelée transit planétaire. L'étude des variations de luminosité pendant ces transits permet de repérer des petites planètes comme la Terre.

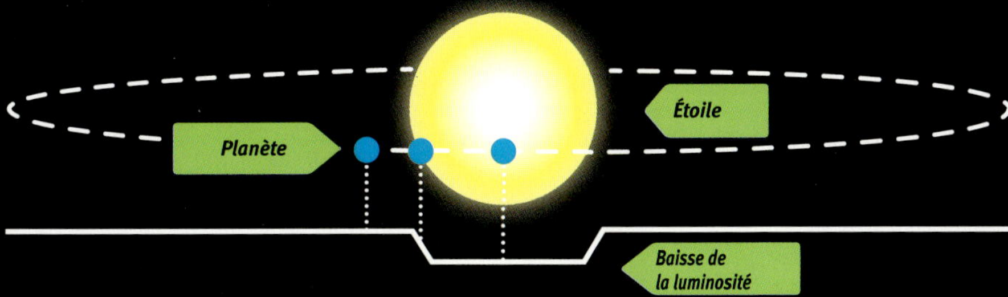

◄ *Lorsqu'une exoplanète passe devant son étoile, la luminosité de cette dernière baisse légèrement. Les astronomes utilisent ces informations pour calculer la taille des exoplanètes.*

◄ *L'illustration d'un système planétaire découvert par* Kepler *: deux planètes rocheuses orbitent autour d'une étoile.*

LE TÉLESCOPE *KEPLER*

Depuis 2009, le télescope spatial ultrasensible *Kepler* mesure les variations de luminosité de plus de 100.000 étoiles. Pour trouver des planètes similaires à la Terre, *Kepler* doit détecter une infime baisse de la luminosité (environ 0,01 %). Cela est comparable à la baisse de luminosité d'un phare de voiture quand une mouche passe devant !

◄ Kepler *a déjà découvert plus de 1.000 exoplanètes.*

Grosse chaleur
Les géantes gazeuses qui orbitent près d'une étoile sont appelées des Jupiters chauds (voir p. 58).

Super-Terres
Les grandes exoplanètes qui ressemblent à la Terre (voir p. 59).

Une autre Terre ?
Les scientifiques recherchent des planètes qui pourraient abriter la vie (voir p. 60).

Zone habitable
Pour que la vie soit possible, une exoplanète doit se trouver dans la « zone Boucles d'or » (voir p. 61).

39 Les Jupiters chauds

La température de surface des Jupiters chauds dépasse 50 °C.

L'étude des exoplanètes a permis de découvrir des géantes gazeuses qui orbitent très près de leur étoile. Ces planètes ressemblent à Jupiter et gravitent autour de leur étoile, à une distance inférieure à celle qui sépare Mercure du Soleil. Ces planètes, appelées « Jupiters chauds » effectuent une rotation autour de leur étoile tous les 2 ou 3 jours.

▼ *Un dessin de l'exoplanète HD 189733b où les vents, poussés par l'énergie de l'étoile, peuvent atteindre la vitesse de 9,600 km/h.*

PLANÈTE CHAUDE

L'exoplanète HD 189733b est l'un des premiers Jupiters chauds découverts. Elle se trouve à 63 années-lumière de la Terre. La distance qui la sépare de son étoile est 13 fois inférieure à celle qui sépare Mercure du Soleil. Sa température atteint 925 °C. Elle est si proche de son étoile, qu'elle s'évapore et perd 600 millions de kilos de masse chaque seconde.

MYSTÈRE PLANÉTAIRE

Les Jupiters chauds sont un mystère, car il n'existe pas de planète géante gazeuse dans le Système solaire interne. On pense que les Jupiters chauds se seraient formés loin de leur étoile et auraient ensuite été happés vers l'intérieur, lors de la mise en place du système planétaire. La découverte des Jupiters chauds montre la grande variété de systèmes stellaires dans notre galaxie.

▲ *Image d'une lune qui ressemble à la Terre, en orbite autour d'une planète similaire à Saturne. De nombreuses exoplanètes posséderaient des satellites qui orbitent autour d'elles, appelés exolunes.*

Les super-Terres

40

Une super-Terre est une exoplanète plus massive que la Terre, mais moins massive qu'une planète gazeuse géante comme Uranus. Une super-Terre typique serait composée de roches et de métal, et aurait une masse 5 fois supérieure à celle de la Terre. Elle peut également posséder des océans et une atmosphère très dense.

▲ Le côté de 55 Cancri e qui est face au Soleil se retrouve en fusion, pour ensuite se refroidir lorsque la planète tourne.

UNE TERRE BRÛLÉE

La 55 Cancri e est une super-Terre au diamètre deux fois supérieur à celui de la Terre. Comme elle orbite très près de son étoile, cela provoque des températures de 2.100 °C. Les super-Terres ont un champ magnétique bien plus puissant que celui de la Terre. Comme elles sont plus massives, leur force de gravité est aussi plus importante.

PLANÈTE DE LAVE

Les astronomes ont découvert une étoile nommée HD 219134 à 21 années-lumière de la Terre qui possède un système planétaire de trois super-Terre. Une de ces planètes a un diamètre de 1,6 fois supérieur à celui de la Terre, une température de 430 °C et une masse 4 fois supérieure à celle de la Terre. Elle effectue une rotation autour de son étoile en 3 jours.

▲ La planète HD 219134b est l'exoplanète la plus proche de la Terre découverte à ce jour.

L'atmosphère de la super-Terre GJ 1214b contiendrait de la vapeur d'eau.

41 De nouvelles Terres?

Un des objectifs des astronomes est de découvrir des planètes similaires à la Terre. Ils cherchent des objets célestes rocheux ayant de l'eau en surface qui orbitent autour d'une étoile d'âge moyen, capable de produire de la lumière et de la chaleur encore quelques milliards d'années.

KEPLER-425b

Kepler-425b a été aperçue en juillet 2015 par l'observatoire *Kepler* de la NASA (voir p. 57). C'est la planète la plus ressemblante à la Terre qui ait été détectée à ce jour. Cette exoplanète est à environ 1.400 années-lumière de notre Système solaire dans la constellation du Cygne. Elle est en orbite autour d'une étoile similaire au Soleil en température et en taille. Sur Kepler-425b, une année dure 385 jours, ce qui signifie qu'elle est à la même distance de son étoile que la Terre du Soleil.

◄ Un dessin comparant la Terre et Kepler-425b.

UN COUSIN PLUS ÂGÉ

Kepler-425b pourrait avoir une atmosphère, des systèmes météorologiques et peut être des volcans actifs. L'étoile de Kepler-425b aurait 1,5 milliard d'années de plus que le Soleil. Cela permet d'imaginer que des formes de vie pourraient y exister depuis plus longtemps que sur Terre. Cependant, personne ne peut affirmer que Kepler-425b est habitable.

◄ Des exoplanètes qui ressemblent à la Terre.

Jusqu'à présent, toutes les exoplanètes découvertes se trouvent dans notre Voie Lactée.

Les planètes Boucles d'or

42

Toute chose vivante sur Terre a besoin d'eau pour survivre. Les astronomes sont donc à la recherche d'exoplanètes avec une température de surface qui permette la présence d'océans et de lacs. Pour cela, l'exoplanète doit être à une bonne distance de son étoile pour être « ni trop chaude, ni trop froide », comme la soupe dans le conte « Boucles d'or et les 3 ours » !

UN MONDE D'EAU

La planète Kepler-442b se trouve à 1.100 années-lumière de la Terre. Elle met 112 jours à faire le tour de son étoile, plus petite et moins chaude que le Soleil. Les scientifiques pensent que Kepler-442b est à distance idéale de son étoile pour avoir de l'eau liquide sur sa surface et être considérée comme une planète habitable par l'homme.

▶ Kepler-62e pourrait être une planète Boucles d'or proche de la Terre.

LA TEMPÉRATURE IDÉALE

L'une des missions du télescope *Kepler* est de trouver des planètes qui ressemblent à la Terre dans des zones Boucles d'or de notre galaxie. Ces planètes rocheuses de petite taille doivent avoir une température idéale, une atmosphère épaisse, ainsi qu'une pression suffisamment élevée pour conserver de l'eau en surface.

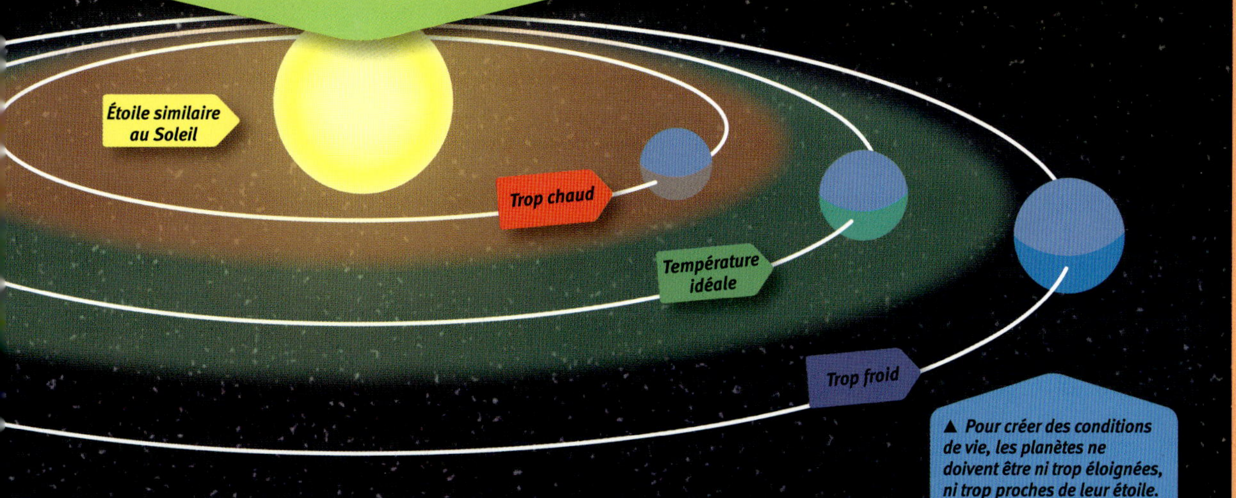

▲ Pour créer des conditions de vie, les planètes ne doivent être ni trop éloignées, ni trop proches de leur étoile.

22 % des étoiles similaires au Soleil possèdent des planètes qui ressemblent à la Terre.

Des bactéries pourraient constituer une forme de vie.

43

Signes de vie

Quand une exoplanète similaire à la Terre et située en zone habitable est découverte en orbite autour d'une étoile qui ressemble au Soleil, les scientifiques doivent déterminer si une forme de vie existe sur cette planète. Ils cherchent donc des indices qui pourraient le confirmer.

REGARDER LES ATMOSPHÈRES

Une possibilité est d'étudier très précisément l'atmosphère de ces exoplanètes. La luminosité émanant de la planète peut être divisée en plusieurs couleurs pour créer un spectre semblable à un arc-en-ciel. L'étude de ce spectre permet de connaître la composition de l'atmosphère, ainsi que sa température. Les scientifiques sont aussi à la recherche de signes prouvant l'existence de vapeur d'eau, d'ozone et de dioxyde de carbone dans l'atmosphère.

▲ *L'oxygène, l'eau, le méthane et les bactéries sont les signes caractéristiques de la vie sur Terre.*

▼ *Une illustration de la sonde spatiale* Terrestrial Planet Finder *mise au point par la NASA pour chercher des exoplanètes.*

BIO-SIGNATURES

Les substances produites par les organismes vivants permettent de détecter des présences de vie. On les appelle « bio-signatures ». L'oxygène, fabriquée en grande quantité par la photosynthèse des plantes et des algues, est une des principales bio-signatures sur Terre. Le méthane, un gaz produit par de nombreux êtres vivants (y compris les hommes), est également considéré comme une bio-signature.

TROUVER LA VIE

Le *Terrestrial Planet Finder*, chercheur de planètes **telluriques**, a été conçu pour mesurer la présence de bio-signatures. À ce jour, aucun signe de vie n'a encore été détecté sur d'autres planètes que la Terre. La découverte de bio-signatures sur une exoplanète en zone Boucles d'or serait un événement majeur pour les scientifiques.

44 Les fusées

Les puissants télescopes en orbite autour de la Terre, ainsi que les vaisseaux spatiaux envoyés dans le Système solaire, permettent aux astronomes d'explorer l'Univers dans ses moindres détails. Le matériel utilisé coûte très cher car il est très perfectionné.

PLATEFORME ET CHARGE UTILE

Un vaisseau spatial est divisé en deux parties : une plateforme et une charge utile. La plateforme est une structure légère et solide qui comporte le moteur, le propulseur et le combustible. La charge utile transporte l'équipement scientifique composé de télescopes, de caméras et d'instruments de mesure.

ACTION-RÉACTION

C'est la puissante poussée des gaz vers le bas qui propulse les fusées vers le haut. C'est pour cela que les fusées décollent à la verticale. Une énorme quantité de carburant est nécessaire pour faire décoller la fusée et contrer la gravité terrestre. Pour se mettre en orbite, la fusée doit atteindre une vitesse de 28.000 km/h.

Les réservoirs largables des fusées se détachent quand ils ont brûlé tout leur carburant.

Puissance des fusées
Les fusées doivent atteindre 28.000 km/h pour échapper à la gravité terrestre (voir p. 64).

D'une station à l'autre
Des stations spatiales sont en orbite autour de la Terre depuis les années 1970 (voir p. 65).

Gravité assistée
Certains vaisseaux spatiaux se servent des planètes pour accélérer (voir p. 66).

Voyages futurs
Les vaisseaux spatiaux pourraient être alimentés par des fusées nucléaires (voir p. 67).

▼ *Une fusée* Ariane 5 *de l'Agence Spatiale Européenne décolle. Avec son énorme réserve de carburant, elle pèse plusieurs centaines de tonnes.*

CENTRE SPATIAL

Une fois le vaisseau spatial placé en orbite, les scientifiques émettent des signaux radio pour contrôler ses mouvements. Depuis le centre spatial à terre, des instructions sont envoyées pour modifier la trajectoire d'une **navette spatiale**, changer l'axe d'un télescope ou prendre des photographies.

◀ ***Des ingénieurs communiquent avec l'équipage d'une navette spatiale lors de son atterrissage.***

STATIONS SPATIALES

Depuis le début des années 1970, les spationautes ont réalisé de nombreuses expériences scientifiques dans des laboratoires situés en orbite. La construction de ces stations spatiales est très longue. Les différentes pièces sont chargées dans des fusées qui transportent également les astronautes et les vivres. En fin de vie, ces stations spatiales se désintègrent dans l'atmosphère terrestre.

▲ ***L'ISS (la Station Spatiale Internationale) a été lancée en 1998. Elle fait partie d'un projet commun entre les agences spatiales des États-Unis, de la Russie, du Japon, de l'Europe et du Canada.***

Atterrissage
La sonde spatiale *Rosetta* a posé un atterrisseur sur une comète (voir p. 68-69).

Gravitation
Rosetta s'est mise en orbite autour d'une comète en 2014 (voir p. 68-69).

Il a fallu seulement 9 heures à *New Horizons* pour aller de la Terre à la Lune.

45 Se déplacer dans l'espace

L'espace est vaste. Bien que les scientifiques aient trouvé de nombreux moyens pour augmenter la vitesse des vaisseaux spatiaux, il faut parfois des années pour parcourir les milliards de kilomètres qui nous séparent des zones les plus lointaines de l'Univers. Nous n'avons toujours pas la technologie nécessaire pour atteindre Proxima Centauri, l'étoile la plus proche du Soleil, qui se trouve 100.000 fois plus loin de la Terre que Neptune.

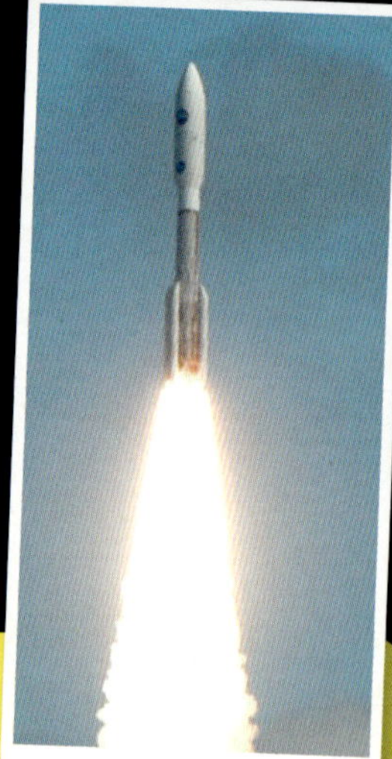

▲ *Le lancement de la fusée transportant la sonde* New Horizons.

ASSISTANCE PAR GRAVITÉ

C'est une technologie qui consiste à utiliser la force gravitationnelle d'une planète pour accélérer un vaisseau spatial. La fusée qui transportait la sonde *New Horizons* sur Pluton (voir p. 54) s'est dirigée vers Jupiter et a utilisé la force gravitationnelle de la planète pour prendre de la vitesse et continuer sa route vers Pluton.

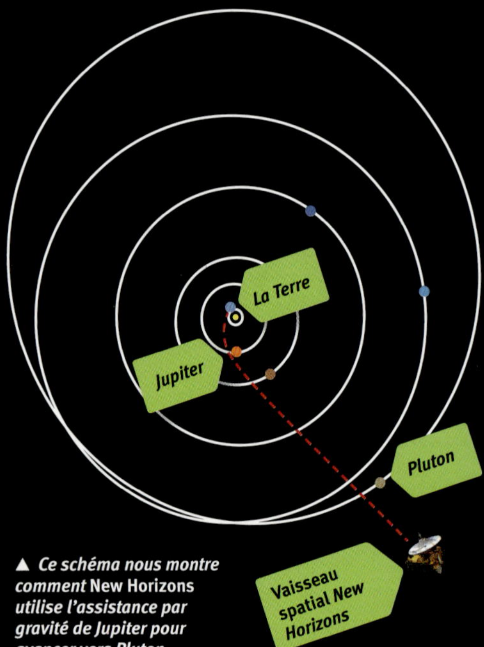

▲ *Ce schéma nous montre comment* New Horizons *utilise l'assistance par gravité de Jupiter pour avancer vers Pluton.*

COUPS DE MAIN

Lancée en 1997, *Cassini* a utilisé l'assistance par gravité pour parcourir les 3,5 milliards de kilomètres qui la séparaient de Saturne (voir p. 48). Pour accélérer sa vitesse, on l'a fait s'approcher deux fois de Vénus, puis une fois de la Terre et une fois de Jupiter.

◀ *Il a fallu 7 ans à* Cassini *pour arriver près de Saturne en utilisant 4 fois l'assistance par gravité.*

PROPULSION NUCLÉAIRE

Les scientifiques recherchent des moteurs plus performants pour alimenter les vaisseaux spatiaux. La propulsion nucléaire est une technologie qui pourrait créer une grande poussée permettant ainsi au vaisseau spatial de se déplacer dans l'espace à très grande vitesse. Cette technologie porte l'espoir d'un voyage vers Mars en 45 jours au lieu de 9 mois, et l'espoir surtout d'un retour possible. Cependant, elle présente aussi de grands risques d'irradiation pour les astronautes, ainsi que pour les hommes sur Terre, en cas de problème à l'atterrissage.

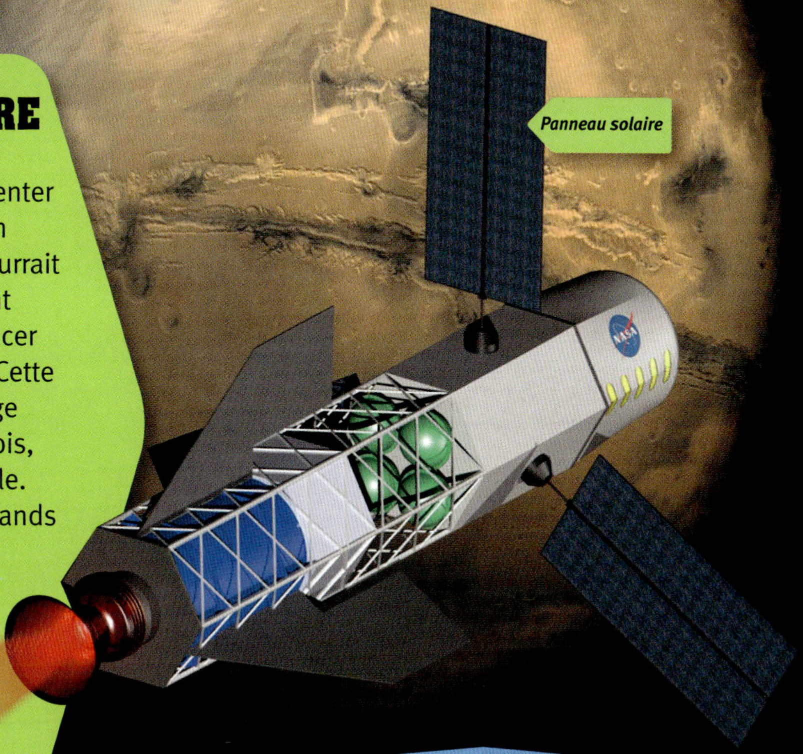

▲ *Dessin d'une fusée à propulsion nucléaire.*

▶ *Il est possible qu'à l'avenir on puisse construire des voiles solaires de plusieurs km² qui nous permettraient d'atteindre les étoiles.*

VOILES SOLAIRES

Les voiles solaires permettent d'augmenter la vitesse des vaisseaux spatiaux sans consommer beaucoup de carburant. Tout comme un voilier, le vaisseau spatial équipé de voiles solaires est poussé par le rayonnement solaire. La voile solaire agit comme un énorme miroir : lorsque la lumière du Soleil se reflète sur le côté brillant de la voile, le vaisseau spatial est poussé en avant. Plus la quantité de lumière est importante, plus le vaisseau spatial prend de la vitesse.

46 Atterrir sur une comète

En novembre 2014, la sonde *Rosetta* a atterri pour la première fois sur une comète dans le cadre d'une mission développée par l'Agence Spatiale Européenne (ESA). Le voyage de cette sonde dans l'espace a duré 10 ans à travers 6,5 milliards de kilomètres. La mission de *Rosetta* est d'étudier une comète de manière rapprochée, afin d'améliorer les connaissances sur les origines du Système solaire et de ses planètes.

▼ La mission *Rosetta* a révélé la surface irrégulière et rugueuse de la comète.

UNE COMÈTE POUR CIBLE

La mission de *Rosetta* était de rattraper une comète très lointaine appelée 67P/ Tchourioumov-Guerassimenko située dans la zone du Système solaire. La sonde est d'abord passée plusieurs fois près la Terre et de Mars afin d'utiliser l'assistance par gravité pour prendre de la vitesse (voir p. 66). C'était une étape essentielle, car la comète avançait à une allure de 64.500 km/h. *Rosetta* a atteint la comète à une distance de 510 millions de kilomètres de la Terre.

EN ORBITE

Rosetta a été lancée en 2004 et a mis 10 ans à atteindre sa cible. Elle s'est mise en orbite autour de la comète en août 2014 et a commencé à renvoyer sur Terre des images très détaillées de la surface de la comète. 67P/ Tchourioumov-Guerassimenko fait 4 km de diamètre et a une surface très accidentée avec de nombreuses falaises.

La comète cible de *Rosetta* fait la taille d'une grande montagne.

MINUSCULE ATTERRISSEUR

Rosetta transportait un tout petit atterrisseur baptisé *Philae*, qu'elle a fait descendre sur la comète le 12 novembre 2014. Après avoir atterri, Philae devait envoyer 5 harpons pour s'accrocher, mais ils n'ont pas fonctionné. *Philae* a rebondi trois fois avant de s'arrêter dans l'ombre d'une falaise. Sans la lumière du Soleil, ses batteries, qui fonctionnaient à l'énergie solaire, se sont déchargées en quelques heures.

▲ *Un dessin montrant comment* Philae *aurait dû se poser sur le sol de la comète.*

▲ *Lorsque la comète 67P / Tchourioumov-Guerassimenko s'est approchée du Soleil, elle a commencé à expulser des nuages de gaz et de poussières, formant une queue visible sur cette photographie.*

PRENDRE CONTACT

Philae a réussi, néanmoins, à prendre quelques-unes des mesures prévues. Les scientifiques espéraient que lorsque la comète s'approcherait du Soleil en 2015, *Philae* pourrait recevoir suffisamment de lumière pour recharger ses batteries. Cela a été très brièvement le cas, mais en s'approchant de plus en plus du Soleil, la comète a commencé à se réchauffer et à expulser de la matière. Par sécurité, la sonde *Rosetta* a dû se décaler de plusieurs centaines de kilomètres, si bien qu'elle était trop éloignée pour recevoir les signaux émis par son atterrisseur.

47

Des yeux sur l'Univers

Les télescopes sont nos yeux pour voir l'Univers. Ils nous permettent d'observer et de mieux comprendre les galaxies, les étoiles les planètes et toute la matière de l'espace. Les astronomes utilisent des télescopes extrêmement puissants pour collecter et étudier la lumière émise par les objets célestes. Depuis que Galilée a pointé un des premiers télescopes vers les planètes, il y a 400 ans, nous n'avons cessé d'inventer de nouveaux moyens pour voir toujours plus loin et de manière toujours plus précise.

Au centre de notre galaxie, les étoiles se déplacent à une vitesse de 5 millions de km/h.

▲ *L'observatoire Keck situé à Mauna Kea, sur l'île d'Hawaï à 4.000 mètres au-dessus du niveau de la mer, est équipé de deux télescopes de 10 mètres de long.*

Voir plus loin
De puissants télescopes sont capables d'aller explorer les profondeurs de l'Univers (voir p. 70-71).

Extrêmement haut
Les télescopes sont situés au sommet des montagnes afin d'éviter la pollution lumineuse (voir p. 71).

Autres longueurs d'ondes
Les télescopes spatiaux captent les rayons X et la lumière infrarouge (voir p. 72-73).

Contrôle au sol
Les télescopes géants équipés de plusieurs antennes captent les ondes radio (voir p. 73).

▼ *Ce schéma montre comment fonctionne un télescope.*

RASSEMBLER DE LA LUMIÈRE

Un télescope utilise la lumière des étoiles et des galaxies pour rapprocher et rendre plus lumineux les objets célestes. Il ressemble à un gros tube divisé en deux parties. La lumière des astres arrive sur un miroir primaire situé au fond du tube, qui la réfléchit vers un miroir secondaire, placé au centre du tube. Un oculaire placé sur le côté agrandit fortement l'image. Les télescopes qui utilisent des miroirs sont appelés télescopes réfléchissants. Les télescopes réfracteurs, quant à eux, utilisent des lentilles pour courber la lumière sur un point précis. Plus les miroirs ou les lentilles sont grands, meilleure est l'image. Plus l'intensité de lumière est importante, plus l'image est claire et précise.

LES TÉLESCOPES GÉANTS

Les télescopes géants ont des miroirs primaires d'une dizaine de mètres de diamètre. Ces télescopes se trouvent à l'intérieur de dômes géants appelés observatoires, dans lesquels on trouve des équipements scientifiques très sophistiqués. Ces observatoires se situent généralement dans des endroits isolés, en altitude, à l'abri de la lumière des villes qui pourrait interférer avec la lumière venant de l'espace. L'observatoire *European Southern Observatory* est situé à 3.000 mètres au-dessus du niveau de la mer dans les montagnes du Chili. Ses télescopes géants nous permettent de voir des objets célestes 4 milliards de fois plus grands qu'à l'œil nu.

▲ *Chacun des télescopes jumeaux* Keck *possède 36 petits miroirs qui agissent ensemble comme un grand miroir.*

Le télescope Hubble

Hubble renvoie des images de l'espace depuis 1990 (voir p. 76-77).

Encore plus loin

Dans le futur, on construira des télescopes encore plus puissants (voir p. 76-77).

48 Voir l'invisible

La lumière que nous voyons avec nos yeux se nomme lumière optique ou visible, c'est une onde électromagnétique parmi d'autres. Les ondes radio, l'infrarouge, l'ultraviolet, les rayons X et les rayons gamma sont d'autres ondes qui font partie de la gamme du spectre électromagnétique. Cette gamme va de la lumière basse énergie (ondes radio) à la lumière haute énergie (rayons X et gamma). Beaucoup d'objets célestes émettent ces différentes formes de lumière.

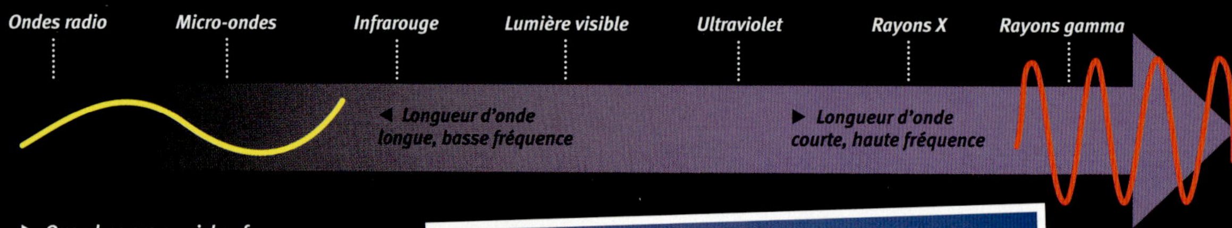

▶ Quand un arc-en-ciel se forme, nous voyons la lumière sous différentes couleurs ou longueurs d'ondes.

▼ L'atmosphère terrestre est une protection contre les formes de lumière les plus dangereuses.

DÉTECTER LA LUMIÈRE

L'atmosphère terrestre nous protège des rayons X et des rayons gamma qui sont très nocifs. Pour étudier les astres qui émettent de la lumière, les scientifiques envoient des télescopes en orbite dans les différentes parties du spectre électromagnétique. Pour explorer les étoiles les plus chaudes, qui émettent le plus d'énergie, les astronomes utilisent des télescopes à rayons X et à rayonnement ultraviolet. Les télescopes qui détectent les infrarouges sont utilisés pour étudier les régions les plus froides de l'espace, telles que les nuages de gaz et de poussières qui entourent les étoiles naissantes.

Les ondes électromagnétiques sont les seules à pouvoir voyager dans le vide.

LE *VERY LARGE ARRAY*

Un des radiotélescopes les plus perfectionnés est le *Very Large Array (VLA)*. Il est situé aux États-Unis, dans le désert de Socorro au Nouveau-Mexique. Il est composé de 27 paraboles qui mesurent chacune 25 mètres de diamètre. Ces paraboles sont reliées entre elles afin de constituer un radiotélescope ultra-puissant d'une très grande sensibilité.

▼ *Le VLA a effectué des observations très importantes de jeunes étoiles et de trous noirs.*

VOIR LES RAYONS X

En juillet 1999, le vaisseau spatial *Columbia* a mis en orbite autour de la Terre un puissant télescope spatial appelé *X Chandra*. Il a été créé pour étudier les rayons X émis par des objets distants. La forme ovale de l'orbite de *Chandra* l'a transporté à un tiers de la distance Terre-Lune avant de le faire revenir plus près de la Terre. Il peut observer des rayons X venant de nuages de gaz chauds, à 50 millions d'années-lumière de distance.

▶ *Dessin de l'observatoire X Chandra.*

▼ *Vue aérienne du bras de 4 km de long du détecteur LIGO, dans l'état de Washington aux États-Unis.*

NOUVEAUX HORIZONS

Les scientifiques des laboratoires LIGO aux U.S.A ont détecté, en février 2016, des ondes gravitationnelles émises par deux trous noirs lors d'une collision à 1,3 milliard d'années-lumière de la Terre. Cette découverte confirme la théorie centenaire du scientifique Albert Einstein sur la relativité générale et la courbure de l'espace-temps.

49 La gloire de Hubble

Le télescope Hubble fait le tour de la Terre à une vitesse de 27.300 km/h.

Le télescope spatial Hubble a fêté ses 25 ans d'observation de l'Univers en avril 2015. C'est une des missions spatiales les plus longues et les plus réussies. Équipé d'instruments perfectionnés, ce puissant télescope nous a renvoyé des milliers d'images et nous a fourni des vues incroyables sur les galaxies, les étoiles et les planètes.

PAS D'ATMOSPHÈRE

Un télescope placé dans l'espace se trouve au-dessus de l'atmosphère terrestre. Ceci veut dire que la lumière ne sera ni troublée, ni bloquée par l'atmosphère : l'image sera bien plus nette. Un télescope positionné au-dessus de l'atmosphère restitue une vision beaucoup plus claire de l'Univers.

D'INCROYABLES IMAGES

Hubble a changé notre façon de voir l'Univers. Ses données nous ont révélé beaucoup d'informations sur la formation des étoiles dans les nébuleuses et sur leur évolution tout au long de leur vie. Les scientifiques ont utilisé le télescope pour comprendre la formation des galaxies quand l'Univers était très jeune et leur façon de se regrouper en amas. *Hubble* nous a même donné des informations sur l'expansion rapide de l'Univers en nous présentant de nouvelles théories sur l'énergie noire.

◄ ***Hubble*, un des instruments scientifiques les plus importants de l'histoire de l'astronomie en orbite autour de la Terre.**

UN MIROIR GÉANT

Le télescope spatial *Hubble* a été lancé en orbite par le vaisseau spatial *Discovery* en 1990. Il tourne autour de la Terre toutes les 97 minutes à une distance de 569 km au-dessus de la surface terrestre. Le miroir principal de *Hubble* mesure 2,4 mètres de diamètre. Le télescope fait la longueur d'un bus et son poids sur Terre est de 11.300 kg.

SPECTROGRAPHE

Hubble est équipé de caméras, ainsi que d'un spectrographe, un instrument d'optique qui disperse les différentes couleurs de la lumière et les enregistre. Chaque couleur est identifiée par sa longueur d'ondes. L'analyse du spectre de couleur donne des informations sur la taille et la distance de l'étoile, la température de sa surface, sa vitesse, la composition de son atmosphère.

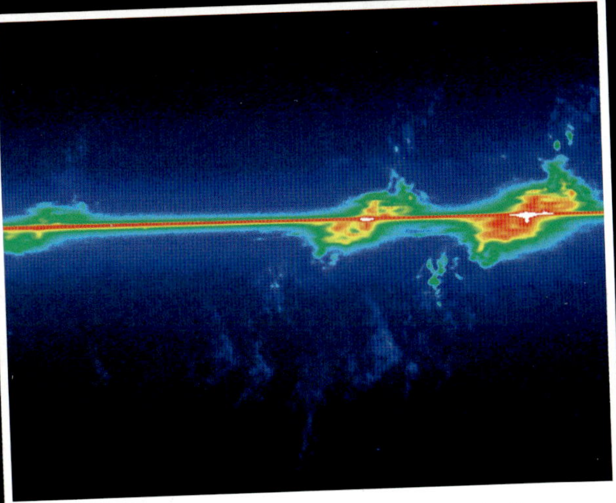

▲ *Une image prise par le spectrographe de* Hubble, *montrant la lumière émise par un trou noir au centre de la galaxie NGC 4151.*

► *Une autre photographie prise par* Hubble *représente ici de la matière stellaire éjectée par l'étoile centrale mourante de la nébuleuse planétaire Œil de Chat.*

◄ *Sur cette autre image de Hubble, le nuage de poussières tourbillonnant est celui qui entoure l'étoile massive, V838 Monocerotis, à 20.000 années-lumière de la Terre.*

▲ *La sortie dans l'espace d'un astronaute lors d'une mission d'entretien du télescope* Hubble.

MAINTENANCE SPATIALE

Pour le maintenir en bon état de fonctionnement, *Hubble* a été entretenu 5 fois entre 1993 et 2009. Chaque fois, un astronaute est sorti dans l'espace, afin de remplacer ou d'assurer la maintenance des caméras, des unités d'alimentation et des instruments d'optique. Ces remises en état ont permis de prolonger la vie de *Hubble* de plusieurs années.

50 Les observatoires du futur

Les scientifiques et les ingénieurs conçoivent des télescopes de nouvelle génération qui devraient nous fournir une vision encore plus détaillée de l'Univers. Leurs coûts élevés sont partagés entre plusieurs pays.

▲ *Dessin du télescope* E-ELT (European Extremely Large Telescope)

OBSERVATOIRE AU SOMMET DE LA MONTAGNE

14 pays européens, ainsi que le Brésil, se sont regroupés pour construire ensemble le *European Extremely Large Telescope (E-ELT)* qui se situera au sommet d'une montagne dans le désert d'Atacama au Chili. Le *E-ELT* sera équipé d'un énorme miroir de 39 mètres de diamètre, ce qui en fera le plus grand télescope au monde.

CAPTER PLUS DE LUMIÈRE

Lorsqu'il sera achevé en 2024, le télescope *E-ELT* pourra capter 13 fois plus de lumière que le plus grand télescope actuel, c'est-à-dire 100 millions de fois plus de lumière que ce que peut capter l'œil humain. *E-ELT* est destiné à la recherche de planètes similaires à la Terre, dans les zones habitables. Il doit aussi travailler sur l'expansion de l'Univers et sur la formation des premières étoiles et galaxies.

▲ *Cerro-Amazones, l'endroit où sera situé le E-ELT, offre des vues très claires du ciel nocturne.*

Les miroirs du télescope *James Webb* sont recouverts d'une fine couche d'or.

▼ *Une petite partie du Square Kilometre Array en Afrique du Sud.*

GÉANT RADIO

Un radiotélescope géant appelé *Square Kilometre Array (SKA)* est en cours de construction en Afrique du sud et en Australie occidentale. Lorsqu'il sera achevé en 2025, il sera le plus grand radiotélescope jamais construit. Sa zone de collecte de lumière fera 1 km². Plutôt que de recueillir les ondes radio d'une parabole unique, Le *SKA* collectera les signaux venant de milliers de paraboles et d'antennes réunies. Le *SKA* sera 10.000 fois plus rapide et 50 fois plus sensible que le plus grand télescope existant à ce jour.

RETOUR DANS L'ESPACE

La NASA, la ESA et l'Agence Spatiale Canadienne préparent la relève de *Hubble*. Il s'appellera le *James Webb Space Telescope (JWST)* et son lancement est prévu en 2018 par une fusée Ariane 5. Le *JWST* a été conçu pour remonter le temps jusqu'à la naissance des premières planètes. Il doit aussi détecter la faible chaleur de nouvelles étoiles et de planètes lointaines.

▶ *Le miroir de JWST sera posé sur un grand écran solaire destiné à le protéger de la surchauffe.*

DES YEUX AU LOIN

Le diamètre du miroir de *JWST* est de 6,5 mètres, presque trois fois plus grand que le miroir de *Hubble*. Le nouveau télescope sera en orbite à 1,5 million de kilomètres de la Terre, soit 4 fois plus loin que la Lune.

▶ *Un scientifique vérifie des pièces du miroir pendant sa construction.*

GLOSSAIRE

ANNÉE-LUMIÈRE
Unité permettant de mesurer les grandes distances de l'espace. Une année-lumière est la distance parcourue par la lumière en une année, soit environ 9.460 milliards de km.

ASTÉROÏDE
Petit bloc rocheux qui orbite autour du Soleil.

ASTRONAUTE
Membre d'équipage d'un vaisseau spatial, appelé aussi spationaute en Europe ou cosmonaute en Russie.

ASTRONOME
Scientifique qui étudie l'espace.

ATMOSPHÈRE
Couche de gaz qui entoure certaines planètes et certaines étoiles, y compris la Terre.

ATOME
La plus petite particule de matière. L'atome est constitué d'un noyau composé de protons et de neutrons, et entouré d'électrons.

ATTERRISSEUR
Type de vaisseau spatial dont la fonction est d'atterrir sur une planète ou sur une comète pour en étudier la surface et l'atmosphère.

BIG BANG
Expansion cosmique rapide à l'origine de l'Univers, de l'espace, de la matière, de l'énergie et du temps (théorie du Big Bang).

COMÈTE
Petit objet céleste constitué de glace et de neige, qui gravite autour du Soleil. En s'approchant du Soleil, elle se réchauffe et laisse une longue traîne de particules lumineuses.

ÉLÉMENT (CHIMIQUE)
Atome avec des caractéristiques distinctes qui ne peut pas être simplifié. Il existe plus de 100 éléments chimiques tels que l'hydrogène, l'hélium, l'oxygène ou le carbone.

ÉNERGIE NOIRE
Force mystérieuse, jamais réellement détectée. Les scientifiques pensent qu'elle occupe une grande partie de l'Univers et qu'elle explique son expansion rapide.

ÉTOILE À NEUTRONS
Résidu compact d'une étoile suite à une supernova.

EXOPLANÈTE
Planète qui orbite autour d'une autre étoile que notre Soleil, dans un autre Système solaire.

FUSION NUCLÉAIRE
Phénomène par lequel deux noyaux atomiques s'assemblent pour former un noyau dégageant énormément d'énergie. Les étoiles brillent grâce à cette fusion nucléaire.

GALAXIE
Vaste ensemble d'étoiles, de gaz et de poussières, liés par la gravitation et qui tournent autour d'un noyau central.

GRAVITÉ
Force d'attraction exercée par un objet sur un autre. Plus la masse de l'objet qui exerce la force d'attraction est grande, plus la force de gravité est importante.

MATIÈRE
Substance physique qui compose l'Univers et qui a une masse.

MATIÈRE NOIRE
Matière invisible qui permet aux galaxies de tenir ensemble. Elle occupe un quart de l'Univers.

NASA
National Aeronautics and Space Administration. La NASA est l'agence spatiale américaine.

NAVETTE SPATIALE
Groupe de 4 vaisseaux spatiaux lancés par des fusées et fabriqués par la NASA. 135 missions ont été effectuées entre 1981 et 2011.

NÉBULEUSE
Nuage de gaz et de poussières dans lequel les étoiles se forment.

NOYAU ATOMIQUE
Structure qui se situe au centre d'un atome, constituée de protons et de neutrons.

OBJET CÉLESTE (OU CORPS CÉLESTE)
Tout ce que l'on peut voir dans le ciel : étoiles, planètes, comètes, astéroïdes…

ORBITE
Trajectoire d'un objet autour d'un autre objet auquel il est lié par la gravitation.

ORBITER
Faire le tour d'une étoile grâce à la gravitation. On peut dire aussi graviter autour.

RAYONS X
Forme de lumière (ou onde électromagnétique), émise par certains objets célestes, qui possède une forte énergie. Les rayons X sont détectés par les télescopes des astronomes.

ROVER (OU ASTROMOBILE)
Véhicule robotique servant à explorer la surface d'une planète ou d'un corps céleste.

SONDE
Vaisseau spatial non habité qui explore l'espace et prend des mesures.

SUPERNOVA (SUPERNOVAE AU PLURIEL)
Explosion d'une étoile massive en fin de vie suite à un effondrement gravitationnel.

SYSTÈME SOLAIRE
Le Soleil et tous les objets célestes qui tournent autour de lui : les planètes, les planètes naines, les astéroïdes et les comètes.

TÉLESCOPE
Instrument d'optique utilisé en astronomie, qui permet d'étudier les objets célestes en augmentant leur taille et leur luminosité.

TELLURIQUE
Se dit des planètes composées de roche et de métal qui, comme la Terre, ont un noyau, un manteau et une croûte.

TROU NOIR
Objet spatial dont la gravité est si puissante qu'il engloutit les astres qui passent près de lui.

VOIE LACTÉE
Galaxie abritant notre Système solaire.

INDEX

Crédits photographiques(h=haut, b=bas, g=gauche, d=droit, c=centre, cv= couverture, dcv= dos de couverture)

Toutes les images avec l'aimable autorisation de la NASA, sauf celles indiquées ci-dessous :
European Southern Observatory (ESO) : cv line 4d, 21bd, 24bd, 76cg. European Space Agency (ESA) : 64–65c, 68–69c, 69bd. LIGO : 73bd. SKA Organisation : 77hg. German Aerospace Center : 69hd. Dreamstime: cv line 7cd, 6–7c, 7hd, 9c, 33hd, 55bd, 62 c, cg, cd, bg, bd, 70c, 72c, 73h. Shutterstock : 44b. Wikipedia Commons : 71bd SiOwl. Public Domain : 4cd, 13hd, 16cg.